建筑工程职业技能岗位培训图解教材

电焊工

 本书编委会 编

中国建筑工业出版社

图书在版编目（CIP）数据

电焊工 / 本书编委会编 . —北京：中国建筑工业出版
社，2016.5
建筑工程职业技能岗位培训图解教材
ISBN 978-7-112-19300-4

I.①电… II.①本… III.①电焊—技术培训—教材
IV.① TG443

中国版本图书馆 CIP 数据核字（2016）第 063885 号

本书是根据国家颁布的《建筑工程安装职业技能标准》进行编写的，主要介绍了电焊工的基础知识、识图知识、焊接的常用材料、常用的焊接设备、手工电弧焊、其他常用的焊接方法、安全生产和质量检验等内容。

本书内容丰富，详略得当，用图文并茂的方式介绍电焊工的施工技法，便于理解和学习。本书可作为建筑工程职业技能岗位培训相关教材使用，也可供建筑施工现场电焊工参考使用。

责任编辑：武晓涛
责任校对：李美娜　张　颖

建筑工程职业技能岗位培训图解教材
电焊工
本书编委会　编
＊
中国建筑工业出版社出版、发行（北京西郊百万庄）
各地新华书店、建筑书店经销
北京京点图文设计有限公司制版
环球东方（北京）印务有限公司印刷
＊
开本：787×1092 毫米　1/16　印张：10½　字数：183 千字
2016 年 6 月第一版　2016 年 6 月第一次印刷
定价：**30.00** 元（附网络下载）
ISBN 978-7-112-19300-4
　　　（28531）

前　言

近年来，随着我国经济建设的飞速发展，各种工程建设新技术、新工艺、新产品、新材料也得到了广泛的应用，这就要求提高建筑工程各工种的职业素质和专业技能水平，同时，为了帮助读者尽快取得《职业技能岗位证书》，熟悉和掌握相关技能，我们编写了此书。

本书是根据国家颁布的《建筑工程安装职业技能标准》进行编写的，主要介绍了电焊工的基础知识、识图知识、焊接的常用材料、常用的焊接设备、手工电弧焊、其他常用的焊接方法、安全生产和质量检验等内容。

本书内容丰富，详略得当，用图文并茂的方式介绍电焊工的施工技法，便于理解和学习。本书可作为建筑工程职业技能岗位培训相关教材使用，也可供建筑施工现场电焊工参考使用。同时为方便教学，本书编者制作有相关课件，读者可从中国建筑工业出版社官网（www.cabp.com.cn）下载。

本书编写过程中，尽管编写人员尽心尽力，但错误及不当之处在所难免，敬请广大读者批评指正，以便及时修订与完善。

编者

2016 年 1 月

目　录

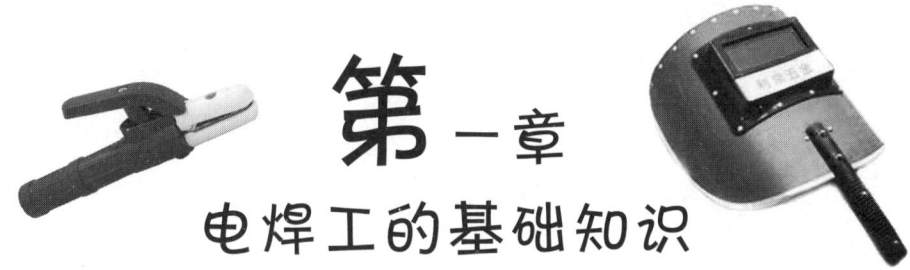

第一章
电焊工的基础知识

第一节 电焊工职业技能等级要求

1. 初级电焊工应符合下列规定

（1）理论知识

1）基本识图知识；

2）金属材料的一般知识；

3）焊接电弧知识；

4）手工电弧焊焊接设备知识；

5）焊接接头及焊缝形式；

6）常用焊接材料知识；

7）手工电弧焊工艺；

8）焊接用工夹具及辅助设备；

9）相关工种的基本知识；

10）气割、气焊基本知识；

11）安全生产基本知识。

（2）操作技能

1）能够充分地做好焊接准备工作，保证焊接过程顺利进行；

2）能够按照规定的焊接工艺焊接常用规格的低碳钢材料，焊接质量合格；

3）能够进行焊缝外观尺寸检查和焊缝表面质量检查；

4）能够正确使用工具和焊接设备；

5）能够正确维护自用工具和焊接设备；

6）能够正确准备劳动保护用品，进行自我保护，执行安全技术操作规程。

2. 中级电焊工应符合下列规定

（1）理论知识

1）识图知识，包括各种焊缝符号和焊接方法代号的表示方法、剖视图的表达方法、常用零件的规定画法及代号标注、焊接装配图的识读等；

2）电工常识；

3）焊接电弧及焊接冶金知识；

4）焊接工艺及设备（可根据申报人情况选择一种焊接工艺，如：手工电弧焊、埋弧焊、二氧化碳气体保护焊、钨极氢弧焊、电渣焊等）；

5）气割、等离子切割、气刨工艺及设备；

6）材料焊接性的概念及低合金钢、不锈钢基本知识；

7）焊接应力与变形基本知识；

8）焊接缺陷及焊接返修；

9）相关工种的基本知识；

10）无损检测基本知识。

（2）操作技能

1）焊接准备，包括焊材选用、坡口制备、防变形措施、预热措施、焊件组对等；

2）常用焊接方法的运用（可根据申报人情况任选一种焊接方法）；

3）能够采取正确措施控制焊接变形、减小焊接应力，保证焊接接头质量；

4）能够焊接低合金结构钢；

5）能够正确进行气割、等离子切割、碳弧气刨；

6）能够正确使用焊缝检验尺进行焊接检查；

7）能够根据射线探伤底片判断焊接缺陷的性质；能够进行补焊和焊接返修，补焊和返修质量合格；

8）能够正确判断焊接场地、焊接设备、工卡具是否满足安全生产要求。

3. 高级电焊工应符合下列规定

（1）理论知识

1）金属学及热处理基础知识；

2）焊接冶金知识；

3）金属材料焊接知识；

4）异种钢焊接知识，包括低碳钢与低合金钢相焊、珠光体耐热钢与奥氏体不锈钢相焊、碳钢与奥氏体不锈钢相焊、不锈钢复合钢板的焊接；

5）焊接梁与焊接柱锅炉、压力容器典型金属结构的焊接知识；

6）熟悉焊接工程施工及验收标准有关内容。

（2）操作技能

1）能够运用手工电弧焊进行困难位置的焊接，能够进行小直径管件的全位置焊接，单面焊双面成型；

2）选择适宜的焊接工艺和设备进行珠光体耐热钢和低温钢、不锈钢、异种钢复合钢板的焊接，焊接质量合格；

3）典型结构的焊接；

4）能够正确调试焊接设备；

5）能够进行水压试验；

6）能对初、中级工进行示范操作，传授技能；

7）熟悉安全技术法规，能进行安全技术交底。

4. 电焊工技师应符合下列规定

（1）理论知识

　　1）铜、铝等有色金属材料的基本知识；

　　2）异种金属焊接工艺；

　　3）焊接结构生产工艺流程，焊接工装夹具，焊接工艺文件、工程交工技术文件的内容和编制方法；

　　4）钎焊、电渣焊、堆焊的焊接工艺与设备；

　　5）理解并掌握焊接工程施工及验收标准；

　　6）焊接培训有关知识；

　　7）焊接设备验收的程序和内容。

（2）操作技能

　　1）有色金属的焊接（根据焊工情况，在铜、铜合金、铝、铝合金中选择）；

　　2）异种金属材料的焊接（根据焊工情况，在钢与铜或其合金、钢与铝或其合金中选择）；

　　3）能够组织焊接结构生产；

　　4）焊接方法的运用（可根据申报人情况，在钎焊、电渣焊、堆焊三种焊接工艺中任选一种）；

　　5）能够进行焊接工程质量验收；

　　6）能够进行初、中高级焊工培训；

　　7）能够进行技术总结或撰写论文；

　　8）能制订本工种的安全生产技术措施。

5. 电焊工高级技师应符合下列规定

（1）理论知识

　　1）掌握有关焊接工艺评定的技术标准；

2）掌握焊接工艺评定的实施程序；

3）掌握焊接工程施工及验收标准；

4）熟悉新材料的焊接性分析方法；

5）了解焊接接头试验方法；

6）了解焊接接头静载强度计算和结构可靠性分析；

7）程序控制自动焊接设备的操作方法和编程方法；

8）提高劳动生产率的措施；

9）ISO9000 质量管理体系；

10）电子学知识；

11）计算机基础知识；

12）机械设计基础知识。

（2）操作技能

1）能够组织焊接工艺评定工作；

2）能够进行焊接设备一般故障的分析与维修；

3）能够设计一般的工装夹具；

4）会操作程序控制自动焊接或切割设备；

5）会编制施工组织设计和焊接施工方案；

6）能够对初、中、高级焊工和焊接技师进行技术培训；

7）能够进行计算机的一般操作；

8）会编制焊接专业的安全生产预案。

第二节 电工常识

1. 电路及有关物理量

电路就是电流所通过的路径。最简单的电路如图 1-1 所示，由电源、负载、导线和开关四个基本部分组成。

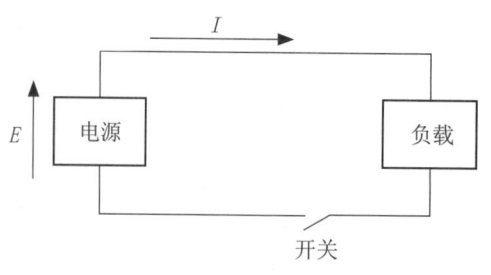

图 1-1　电路的组成

（1）电源

电源是将非电能转换成电能并向外提供电能的装置，如发电机、电池等。

直流电源有正、负两个极，分别用符号"＋"、"－"标志，如图 1-2 所示。电源的正极是高电位，负极是低电位。正电荷从电源正极流出，经过负载，流向电源的负极，并从负极流入电源。在电源内部，正电荷从负极流到正极。可见，正电荷在电源外部从高电位流到低电位；在电源内部从低电位的负极流到高电位的正极。因此，电源要做功，将正电荷从低电位推到高电位。电源做功的能力，称为电动势。电动势 E 的方向由负极指向正极，表示电位升高方向。电动势 E 的单位为 V。

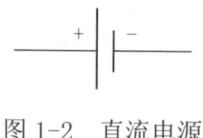

图 1-2　直流电源

（2）负载

负载又称用电器，是将电能转化成其他形式能的元器件或设备。例如电灯、电炉、电动机等将电能转化成光能、热能、机械能等。

（3）电流

电荷在电路中有规则的移动形成电流。金属导体中的电流是导体内的带电荷的自由电子定向移动形成的。电荷流动的方向不随时间变化的电流称为直流电流。习惯上规定正电荷移动的方向为电流方向。实际上，在金属导体中，规定的电流方向和自由电子移动的方向是相反的。电流大小又称电流强度，简称电流，符号为 I，单位为 A。

（4）电压

要使导体中有持续电流通过，导体两端必须保持一定电位差。电位差通常叫作电压，符号为 U，单位为 V。

电压（电位差）的方向规定为由高电位指向低电位，即表示电位（电压）降低的方向。

负载两端的电压常称为电压降。它的方向是从电流流进负载端指向电流流出负载端，也就是从高电位指向低电位的方向。

（5）电阻

导体对电流的阻力称为导体的电阻，符号为 R，单位为 Ω。

2. 用电安全

（1）常用安全措施

安全用电的原则是不接触低压带电体，不靠近高压带电体。常用安全措施有：

1）火线必须进开关。

2）合理选择照明电压。机床照明灯应选用 36V 及以下的电压供电，决不允许采用 220V 灯具做机床照明；在潮湿、有导电灰尘、有腐蚀性气体的场合，应选用 24V、12V 及 6V 电压供电。

3）合理选择导线和熔丝。

4）要有一定的绝缘电阻，通常要求低压电气设备的绝缘电阻不低于 $0.5M\Omega$。

5）电气设备的安装要正确。

6）采用各种保护用具。保护用具是保证工作人员安全操作的工具。

7）正确使用移动电动工具。行灯电压要采用 36V 或低于 36V。

8）保护接地和保护接零。为保证人触及漏电设备的金属外壳时不会触电，通常都采用保护接地或保护接零的安全措施。

①保护接地是将电气设备在正常情况下，不带电的金属外壳或构架与大地作良好的电气连接。

②保护接零是将电气设备在正常情况下，不带电的金属外壳或构架与供电系统中的零线相接。

③重复接地是为了防止断零线的危险，将零线上的一点或多点与大地再次做电气连接。

④在同一供电线路中，不允许一部分电气设备采用保护接地，而另一部分电气设备采用保护接零的方法。

（2）安全标志及安全色

安全标志是由安全色、边框、以图像为主要特征的图形符号或文字构成的，用以表达特定的安全信息。

安全标志分禁止、警告、允许和提示等四种类型。为了使人们能迅速发现或分辨安全标志，国家制定《安全色》GB 2893—2008 标准并强制执行。

（3）电气灭火常识

电气火灾不同于一般火灾，扑灭电气火灾时应注意以下几点：

1）切断电源

①切断电源要选用适当的绝缘工具，以防触电。

②切断电源的地点要选用适当，防止切断电源后影响灭火工作。

③如需剪断电线，剪断位置应选在电源方向的支持物附近，以防止电线剪断后掉落下来造成接地短路和触电伤人。

④剪断电线时，非同相电线应在不同部位剪断，以免造成短路。

⑤如果线路上带有负载，应先切除负载，再切断现场电源。

2）带电灭火的安全要求

①人体与带电体之间保持必要的安全距离。在高压室内安全距离为 4m，室外为 8m，进入上述范围的人员要穿上绝缘靴。

②带电灭火应使用不导电的灭火剂，例如二氧化碳、四氯化碳和干粉灭火剂等。不得使用泡沫灭火剂和喷射水流类导电性灭火剂。

③允许使用泄漏电流小的喷雾水枪带电灭火。要求救火人员穿上绝缘靴，戴上绝缘手套操作。

④对架空线路或空中电气设备进行灭火时，人体位置与带电体之间的仰角不应超过45°，以防止导线断落威胁灭火人员安全。

⑤如遇带电导线断落地面，应划出半径8～10m的警戒区，以避免跨步电压触电。

3）充油设备灭火

①充油电气设备容器外部盖火时，可以采用水、二氧化碳、四氯化碳、干粉灭火等；灭火时，也要保持一定的安全距离。

②充油电气设备内部着火，除应切断电源外，有事故储油的还应设法将油放入事故的储油池内，并用喷雾水枪灭火；不得已时可用砂子、泥沙灭火；流散在地上的油水可用泡沫扑灭。

③旋转电动机着火时，为防止轴与轴承变形，可令其慢慢转动，用喷雾水枪、二氧化碳灭火，但不宜用干粉、砂子、泥土灭火，以免损坏电气设备。

3. 触电的急救

人触电后，往往会失去知觉或者形成假死，救治的关键在于使触电者迅速脱离电源和及时采取正确的救护方法。触电急救的方法如下：

1）使触电者迅速脱离电源。若急救者离开关或插座较近，应迅速拉下开关或拔出插头，以切断电源；若距离开关、插座较远，应使用干燥的木棒、竹竿等绝缘物将电源线移掉，或用带有绝缘手柄的钢丝钳等切断电源，使触电者迅速脱离电源。如果触电者脱离电源后有摔跌的可能，应同时做好防止摔伤的安全措施。

2）当触电者脱离电源后，应注意保持使触电者有利于恢复呼吸的环境，并在现场就地检查和抢救。将触电者移至通风干燥的地方，使触电者仰天平卧，松开衣服和裤带；检查瞳孔是否放大，呼吸和心跳是否存在，同时通知医务人员前来抢救。急救人员应根据触电者的具体情况迅速采取相应的急救措施。

3）选择正确的急救方法

①对没有失去知觉的，要使其保持安静，不要走动，观察其变化；对触电后精神失常的，必须防止发生突然狂奔的现象。

②对失去知觉的触电者，若呼吸不齐、微弱或呼吸停止而有心跳的，应采用"口对口人工呼吸法"进行抢救。

③对有呼吸而心脏跳动微弱、不规则或心跳已停的触电者，应采用"胸外按压法"进行抢救。

④对呼吸和心跳均已停止的触电者，应同时采用"口对口人工呼吸法"和"胸外按压法"进行抢救。抢救者要有耐心，必须持续不断地进行，直至触电者苏醒为止；即使在送往医院的途中也不能停止抢救。

第三节 焊接施工的安全防护

焊接的安全及防护工作是十分重要的。每个工长都必须要求焊工熟悉有关安全防护知识，自觉遵守安全操作规程，保证安全操作，不发生事故。

1. 焊接安全技术

（1）预防触电

在焊接工作中所用的设备大都采用 380V 或 220V 的网路电压，空载电压一般也在 60V 以上。所以焊工首先要防止触电，特别是在阴雨天或潮湿的地方工作更要注意防护。预防触电的措施有以下几个方面：

1）焊接中使用的各种设备，包括点焊机、对焊机、弧焊变压器、电渣压力焊机、埋弧压力焊机等机壳的接地必须良好。

2）焊接设备的安装、修理和检查必须由电工进行。焊机在使用中发生故障，焊工应立即切断电源，通知电工检查修理。焊工不得随意拆修焊接设备。

3）焊工推拉闸刀时，头部不要正对电闸，防止因短路造成的电弧火花烧伤面部，必要时应戴绝缘手套。

4）电焊钳应有可靠的绝缘。焊接完毕后，电焊钳要放在可靠的地方，再切断电源。电焊钳的握柄必须是电木、橡胶、塑料等绝缘材料制成。

5）焊接电缆必须绝缘良好，不要把电缆放在电弧附近或炽热的焊缝上，防止高温损坏绝缘层。电缆要避免碰撞磨损，防止破皮，有破损的地方应立即修好或更换。

6）更换焊条时要戴好防护手套。夏天因天热出汗，工作服潮湿时注意不要靠在钢板上，避免触电。

7）工作中当有人触电时，不要赤手拉触电者，应迅速切断电源。如触电者已处于昏迷状态，要立即施行人工呼吸，并尽快送往医院抢救。

（2）保护眼睛和皮肤

1）闪光对焊时，要预防闪光飞溅物溅入眼睛，应戴防护眼镜。

2）电弧焊时要预防电弧光的伤害。焊接电弧产生的紫外线对焊工的眼睛和皮肤具有较大的刺激性，稍不注意就容易引起电光性眼炎和皮肤灼伤。

（3）防止高空坠落

1）患有高血压、心脏病、癫痫病与肺结核等病症者以及酒后者，均不得高空作业。

2）雨天、雪天和五级以上的大风天，无可靠防护措施，禁止高空作业。

3）登高作业时，须首先检查攀登物是否牢固，然后再攀登。

4）高空作业时，要使用标准的防火安全带、安全帽，并系紧戴牢，还应穿胶底鞋。如用安全绳，长度不可超过2m。

5）使用的梯子、跳板和脚手架应安全可靠。脚手架要有扶手，工作时要站牢把稳。

6）不要用高频引弧器，以防麻电，失足坠落摔伤。

（4）防止急性中毒

1）在焊接作业点装设局部排烟装置。

2）在容器、管道内或地沟里进行焊接作业时,应有专人看护或两人轮焊（即一个工作,一个看护）,如发现异常情况,可及时抢救。最好是在焊工身上再系一条牢靠的安全绳,另一端系个铜铃于容器外,一旦发生情况,可以铃为信号,而绳子又可作为救护工具。

3）对有毒和可燃介质的容器进行带压不置换动火时,焊工应戴防毒面具,而且应在上风侧操作;采取置换作业补焊时,在焊工进入前,对容器内空气进行化验,必须保持含氧量在 19% ～ 21% 范围内,有毒物质的含量应符合《工业企业设计卫生标准》的规定。

4）为消除焊接过程产生的窒息性和其他有毒气体的危害,应加强机械通风,稀释毒物的浓度。可根据作业点空间大小、空气流动和烟尘、毒气的浓度等,采取局部通风换气和全面通风换气。

（5）预防焊接有害因素

所有焊接操作都会产生有害气体和粉尘两种污染,其中明弧焊问题较大。明弧焊还存在弧光辐射的危害;采用高频振荡器引弧有高频电磁场危害,钍钨棒电极有放射性危害,等离子流以 10000m/min 的速度从喷枪口高速喷射出来时有噪声危害等。焊接发生的这些有害因素与所采用的焊接方法、焊接工艺规范、焊接材料及作业环境等因素有关。我们应当根据具体的情况,采取必要的劳动卫生防护措施。

1）焊接烟尘和有毒气体的防护

①通风措施:采取通风防护措施,可大大降低焊接烟尘和有毒气体的浓度,使其达到或接近国家卫生标准要求。

②加强个人防护措施:除了口罩（包括送风口罩和分子筛除臭口罩）等常用的一般防护用品外,在通风不易解决的场合,如封闭容器内焊接作业,应采用通风焊帽等特殊防护用品。

③改革工艺和改进焊接材料:改革工艺和改进焊接材料也是一项主要措施。如实行机械化、自动化,就可降低工人的劳动强度、提高劳动生产率及减少焊工与毒性物质接触的机会;通过研制改进焊接材料,使焊接过程中产生的烟和气降低,符合卫生标准要求,这也是消除焊接烟尘和有毒气体危害的根本措施。

2）弧光辐射的防护

为了保护眼睛不受电弧的伤害,焊接时必须使用镶有特制防护眼镜片的面罩。

防护镜片有两种，一种是吸水式滤光镜片；另一种是反射式防护镜片。滤光镜片有几种牌号，可根据焊接电流强度和个人眼睛情况，进行选择。

为防止弧光灼伤皮肤，焊工必须穿好工作服、戴好手套和鞋盖等。工作服应用表面平整、反射系数大的纺织品制作。决不允许卷起袖口，穿短袖衣及敞开衣领等进行电弧焊操作。

3）放射性物质防护

焊接放射性防护，主要是防止含钍的粉尘和气溶胶进入体内。

4）噪声的防护

①焊工应佩戴隔声耳罩或隔声耳塞等防护工具。

②在房屋结构、设备等部分采用吸声和隔声材料。

③研制和采用适合于焊枪喷口部位的小型消声器。

④噪声强度与工作气体的流量等有关，在保证焊接工艺和质量要求的前提下，应选择低噪声的工作参数。

5）高频电磁场防护措施

①焊件接地良好，可大大降低高频电流。接地点距焊件越近，越能降低高频电流，这是因为焊把对地的脉冲高频电位得到降低的缘故。

②电焊软线和焊枪装设屏蔽。因脉冲高频电是通过空间与手把的电容耦合到人体身上的，加装接地、屏蔽能使高频电场局限在屏蔽内，从而大大减少对人体的影响。

③在不影响使用的前提下，降低振荡器频率。脉冲高频电的频率越高，通过空气和绝缘体的能力越强，对人体影响越大。因此，降低频率能使情况有所改善。

④减少高频电的持续时间，即在引弧后，立即切断振荡器线路。

（6）现场焊接安全

1）搬动钢筋时，要小心谨慎，防止由于摔、跌、碰、撞，造成人身事故。同时要戴好手套，防止钢筋毛刺及棱角划伤皮肤。

2）清除焊渣及铁锈、毛刺、飞溅物时，戴好手套和保护眼镜，注意周围工作的人，防止渣壳或飞溅物飞出，造成自己和他人损伤。

3）焊工在拖拉焊接电缆、氧气和乙炔胶管时，要注意周围的环境条件，不要用力过猛，拉倒别人或摔伤自己，造成意外事故。

4）焊工在高空作业时，应仔细观察焊接处下面有无人和易燃物，防止金属飞溅造成下面人员烫伤或发生火灾。

5）氧气胶管、乙炔胶管、焊接电缆要固定好，勿背在肩上。高空作业，要系安全带。焊工用的焊条、清渣锤、钢丝刷、面罩要妥善安放，以免掉下伤人。

6）钢筋焊接附近，不得堆放易燃、易爆物品。

2. 常用焊接方法的安全防护

（1）手弧焊

手弧焊的主要危险是电击、电焊烟尘和弧光。手弧焊安全与卫生防护要点见表1-1。

手弧焊安全与卫生防护要点 表1-1

危害因素	防护要点
电击	1）每台焊机均安装防电击节能装置； 2）焊工穿戴绝缘性好的电焊手套和工作鞋； 3）遵守安全操作规程
电焊弧光	1）采用性能合格的护目滤光片； 2）佩戴面罩、工作服、手套等防护用品； 3）置弧光防护屏，避免交叉影响
电焊烟尘	1）采取全面通风、局部通风或排烟机组等通风除尘措施； 2）定期对施焊现场监测电焊烟尘的浓度，如超过国标规定的 $6mg/m^3$，应改进通风除尘措施或佩戴防尘口罩； 3）作为辅助措施，可选用其他性能优良而发尘量较少的焊条

（2）氩弧焊、等离子弧焊及等离子切割

氩弧焊、等离子弧焊及等离子切割的主要危害是电击、臭氧、氮氧化物等有害气体，以及烟尘和强烈的弧光。

氩弧焊、等离子焊及等离子切割安全与卫生防护要点见表 1-2。

氩弧焊、等离子焊及等离子切割安全与卫生防护要点　　　表 1-2

危害因素	防护要点
电击	1）当所用电源空载电压较高时，应尽量采用自动焊及自动切割工艺，并采取焊机接地、工作前检查焊机和焊枪绝缘状态等防触电措施； 2）对水冷焊枪和割矩，要经常检查水路，防止因漏水引起触电
有害气体和烟尘	1）采取全面通风、局部通风及排烟机组等通风防尘措施，并重点监测臭氧和烟尘的浓度； 2）尽量采用在密闭罩内工作（人在罩外操纵）或机械手操作、遥控操作等； 3）在通风不好的场所工作时，佩戴送风式面罩
弧光	1）采用遮光好和透过率符合要求的护目滤光片； 2）佩戴面罩和耐紫外线的工作服、手套等防护用品

（3）气焊与气割

气焊与气割安全与卫生防护的要点见表 1-3。

气焊、气割安全与卫生防护要点　　　表 1-3

危害因素	防护要点
乙炔发生器燃烧爆炸	1）禁止使用浮筒式乙炔发生器； 2）尽快淘汰各种类型的乙炔发生器，改用溶解乙炔气瓶
气瓶燃烧爆炸	执行表 1-4 所列各项安全技术要点
烟尘与有害气体	进行铜、铝等有色金属气焊时，应采取局部通风除尘措施
火焰强光	佩戴气焊护目镜

不同类型气瓶的安全技术要点　　　表 1-4

气瓶类型	安全技术要点
氧气瓶	1）不得靠近热源； 2）勿曝晒； 3）要有防震圈，且不使气瓶跌落或受到撞击； 4）要戴安全帽，防止摔断瓶阀造成事故； 5）氧气瓶、可燃气瓶与明火距离应大于 10m； 6）气瓶内气体不可全部用尽，应留有余压 0.1～0.2MPa； 7）氧气瓶严禁沾染油污； 8）打开瓶阀时勿操作过快； 9）瓶阀冻结时，可用热水或水蒸气加热解冻，严禁火焰加热

气瓶类型	安全技术要点
液化石油气瓶	1）气瓶不得充满液体，必须留出 10%～20% 容积的气化空间，以防止液体随环境温度升高而膨胀时，导致气瓶破裂； 2）胶管和衬垫材料应用耐油材料； 3）勿曝晒，储存室应通风良好，室内严禁明火； 4）瓶阀及管接头处不得漏气； 5）气瓶严禁火烤或用沸水加热，冬季可用 40℃ 以下的温水加热； 6）不得自行倒出残渣，以防遇火成灾； 7）严防漏气
溶解乙炔瓶	1）同氧气瓶的 1）至 6）； 2）只能直立，不得卧放，以防丙酮流出

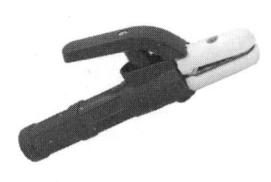

第二章 识图知识

第一节 焊接装配图

通常所指的焊接装配图就是指实际生产中的产品零部件或组件的工作图。它与一般装配图的不同在于图中必须清楚地表示与焊接有关的问题，如坡口与接头形式、焊接方法、焊接材料型号和焊接及验收技术要求等。图 2-1 为一筒体的焊接装配图。

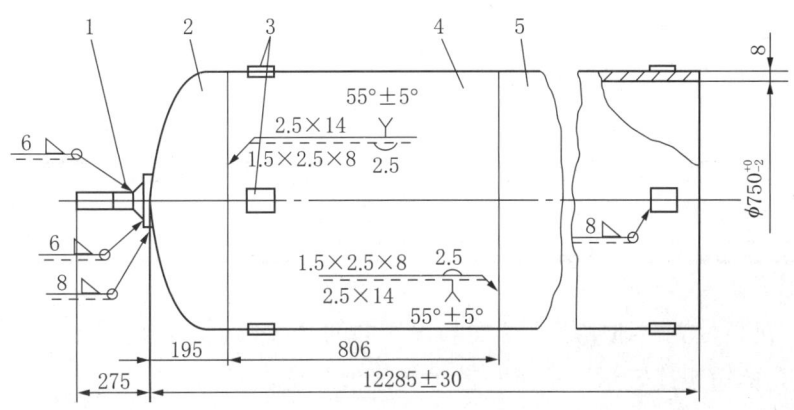

图 2-1 筒体焊接装配图

1—管子；2—封头；3—定位块；4—下筒体；5—上筒体

第二节 剖视图

1. 剖视图的形成

在视图中，对零件内部看不见的结构形状用虚线表示。当零件内部结构比较复杂时，在视图上就会有较多的虚线，有时甚至与外形轮廓线相互重叠，使图样很不清楚，增大看图困难。为避免上述情况，采用剖视的方法来表达零件的内部结构形状，即采用假想的剖切面将零件剖开，移去观察者与剖切面之间的部分，将余下部分向投影面投影，所得的视图称为剖视图。

2. 看剖视图的要点

1）找剖切面位置。剖切面位置常常选择零件的对称平面或某一轴线。

2）明确剖视图是零件剖切后的可见轮廓的投影。

3）看剖面符号。当图中的剖面符号是与水平方向成 45° 的细实线时，则知零件是金属材料。

4）剖视图上通常没有虚线。

3. 剖视图标注

1）剖切位置。通常以剖切面与投影面的交线表示剖切位置。在它的起讫处用加粗的短实线表示，但不与图形轮廓线相交。

2）投影方向。在剖切位置线的两端，用箭头表示剖切后的投影方向。

3）剖视图名称。在箭头的外侧用相同的大写拉丁字母标注，并在相应的剖视图上标出"×—×"字样，若在同一张图上有若干个剖视图时，其名称的字母不得重复。

第三节 焊缝的符号及标注

焊缝符号是工程语言的一种，是用符号在焊接结构设计的图样中标注出焊缝形式、焊缝和坡口的尺寸及其他焊接要求。我国的焊缝符号是由国家标准《焊缝符号表示法》GB/T 324—2008统一规定的。

1. 焊缝符号

完整的焊缝符号包括基本符号、指引线、补充符号、尺寸符号及数据等。其详细内容如下：

（1）常用焊接方法的代号

《焊接及相关工艺方法代号》GB/T 5185—2005规定了各种焊接方法用数字代号表示。常用焊接方法的数字代号见表2-1。

常用焊接方法的数字代号　　　　　　　　　　　表2-1

焊接方法	数字代号
焊条电弧焊	111
氧乙炔焊	311
钨极惰性气体保护电弧焊（TIG）	141
埋弧焊	12
电渣焊	72
熔化极气体保护电弧焊	MIG：熔化极惰性气体保护电弧焊 131 MAG：熔化极非惰性气体保护电弧焊 135

（2）基本符号

基本符号是表示焊缝横截面的基本形式或特征，见表2-2。

基本符号

表 2-2

序号	名称	示意图	符号
1	卷边焊缝 （卷边完全熔化）	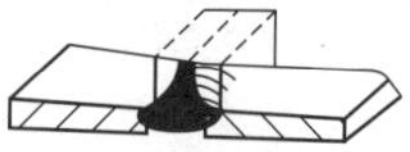	 八
2	I 形焊缝		 ‖
3	V 形焊缝	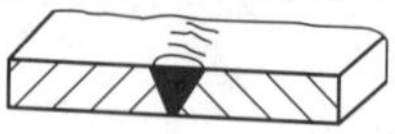	 V
4	单边 V 形焊缝		 V
5	带钝边 V 形焊缝		 Y
6	带钝边单边 V 形焊缝		 Y
7	带钝边 U 形焊缝	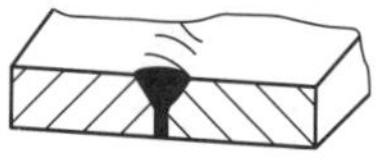	 Y
8	带钝边 J 形焊缝		 Y
9	封底焊缝	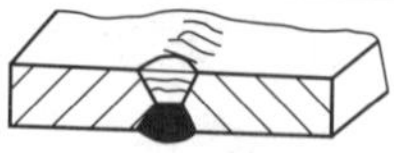	 ◡
10	角焊缝	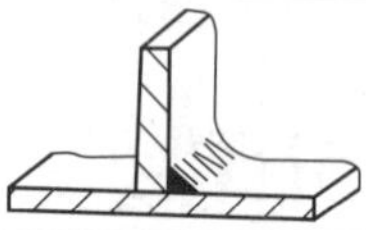	 ◺
11	塞焊缝或槽焊缝	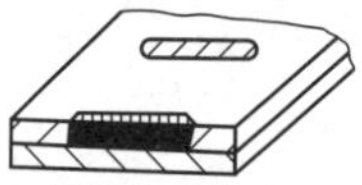	⊓
12	点焊缝	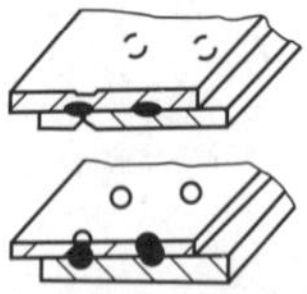	 ◯
13	缝焊缝	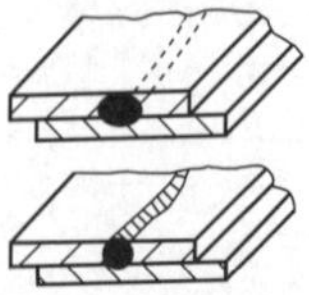	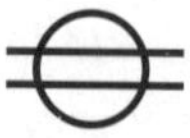 ⊖
14	陡边 V 形焊缝	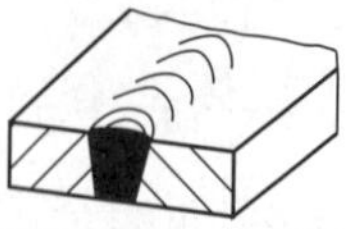	 ⅃⅃

续表

序号	名称	示意图	符号
15	陡边单 V 形焊缝	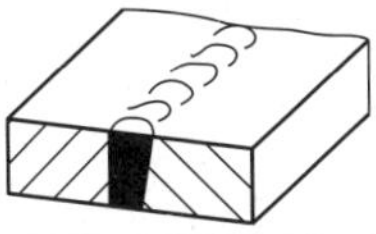	
16	端焊缝	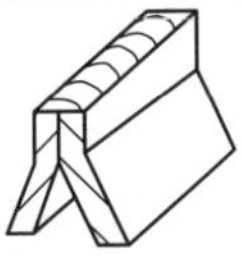	
17	堆焊缝	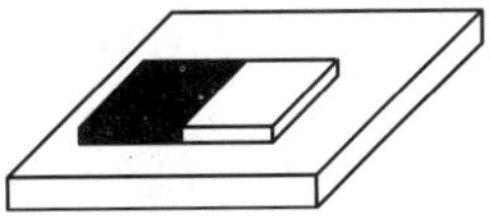	
18	平面连接（钎焊）	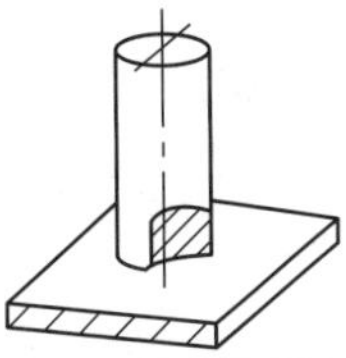 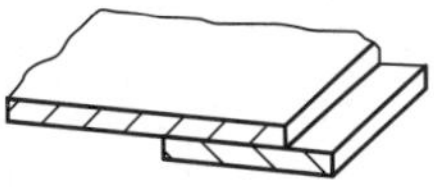	
19	斜面连接（钎焊）		
20	折叠连接（钎焊）	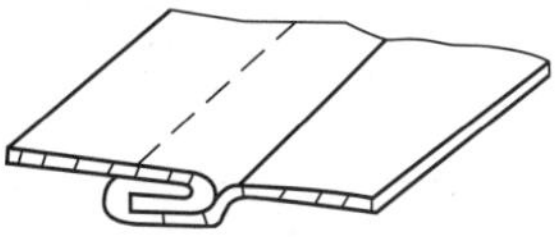	

（3）基本符号的组合

标注双面焊焊缝或接头时，基本符号可以组合使用，见表 2-3。

基本符号的组合　　　　　　　　　　表 2-3

序号	名称	示意图	符号
1	双面 V 形焊缝（X 焊缝）	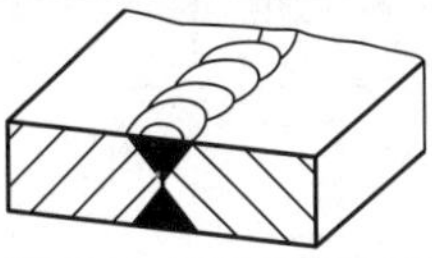	

续表

序号	名称	示意图	符号
2	双面单 V 形焊缝（K 焊缝）		K
3	带钝边的双面 V 形焊缝		Y
4	带钝边的双面单 V 形焊缝		K
5	双面 U 形焊缝		⊦

（4）补充符号

补充符号是用来补充说明有关焊缝或接头的某些特征（诸如表面形状、衬垫、焊缝分布、施焊地点等）而采用的符号，见表 2-4。

补充符号　　　　表 2-4

序号	名称	符号	说明
1	平面	──	焊缝表面通常经过加工后平整
2	凹面	⌣	焊缝表面凹陷
3	凸面	⌢	焊缝表面凸起
4	圆滑过渡	⌣⌣	焊趾处过渡圆滑
5	永久衬垫	M	衬垫永久保留
6	临时衬垫	MR	衬垫在焊接完成后拆除
7	三面焊缝	⊏	三面带有焊缝

序号	名称	符号	说明
8	周围焊缝	⭕	沿着工件周边施焊的焊缝 标注位置为基准线与箭头线的交点处
9	现场焊缝	🚩	在现场焊接的焊缝
10	尾部	<	可以表示所需的信息

2. 焊缝符号在图样上的表示方法

箭头直接指向的接头侧为"接头的箭头侧",与之相对的则为"接头的非箭头侧",如图 2-2 所示。

基准线的实线和虚线的位置可根据需要互换。

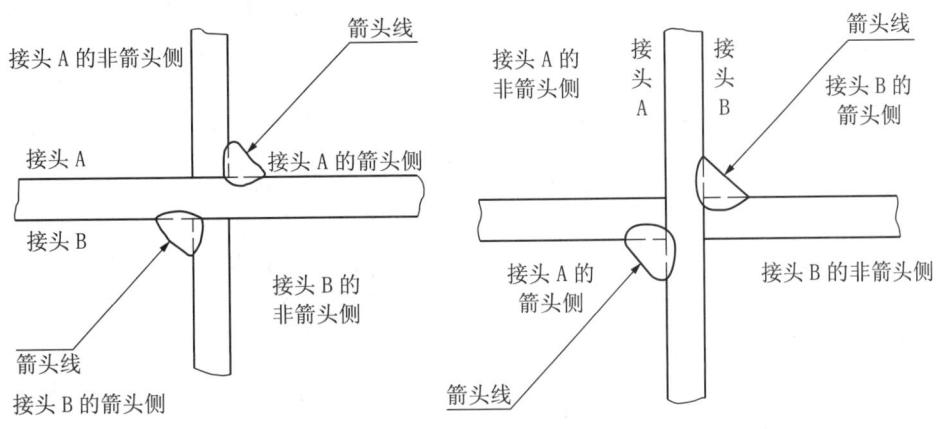

图 2-2　接头的"箭头侧"及"非箭头侧"示例

第四节 尺寸标注

1. 标注尺寸的基本要素

(1) 尺寸界线

1) 细实线绘制，并应由图形的轮廓线、轴线或对称中心线引出。也可利用轮廓线、轴线或对称中心线作尺寸界线。

2) 标注角度的尺寸界线应沿径向引出 [图2-3（a）]；标注长的尺寸界线应平行于该弦的垂直平分线 [图2-3（b）]；标注弧长的尺寸界线应平行于该弧所对圆心角的角平分线 [图2-3（c）]，但当弧度较大时，可沿径向引出。

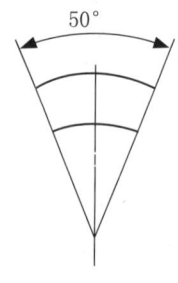

（a）标注角度的尺寸界线画法

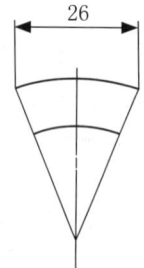

（b）标注弦长的尺寸界线画法

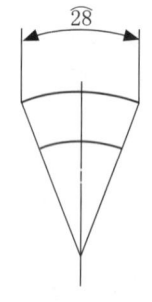

（c）弧长的尺寸注法

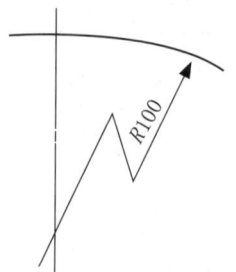

（d）圆弧半径过大时的注法

图2-3 标注尺寸界线画法

（2）尺寸线

1）细实线绘制，其终端可用箭头，也可用斜线。

2）线性尺寸的尺寸线应与所标注的线段平行。

3）圆的直径和圆弧半径的尺寸线终端应画成箭头。当圆弧的半径过大或图纸范围内无法标出其圆心位置时，可按图 2-3（d）标注。

4）对称机件的图形只画出一半或略大于一半时，尺寸线应略超过对称中心线或断裂处的边界，此时仅在尺寸线的一端画出箭头，如图 2-4所示。

5）在没有足够的位置画箭头或注写数字时，可按图 2-5 的形式标注。

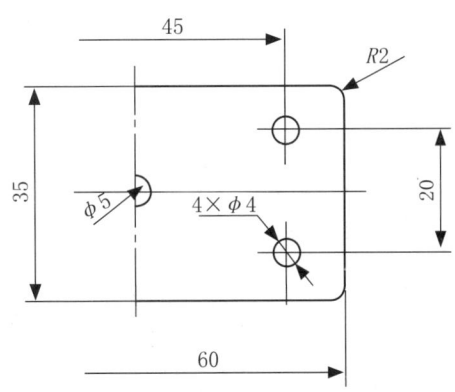

图 2-4　对称机件的尺寸线画法

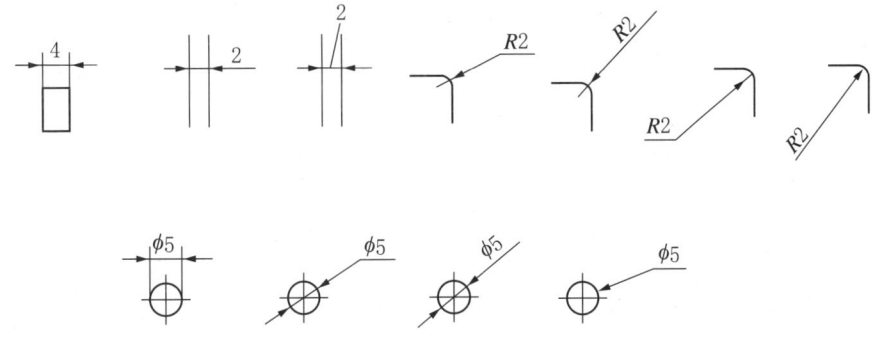

图 2-5　小尺寸的尺寸注法

（3）尺寸数字

1）线性尺寸的尺寸数字一般应写在尺寸线的上方。

2）线性尺寸数字的方向，一张图样上应尽可能一致，向左倾斜 30° 范围内的尺寸数字按图 2-6（a）标注，对于非水平方向的尺寸，其数字可水平地注写在尺寸线的中端处，如图 2-6（b）、（c）。

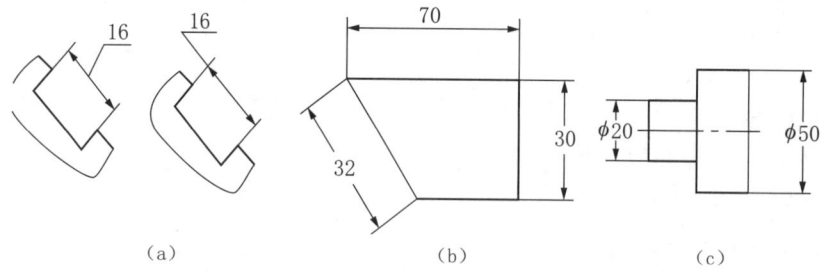

（a）　　　　　　　（b）　　　　　　（c）

图 2-6　尺寸数字的注法

3）角度数字一律写成水平方向，不能用小数点表示，按图 2-7 标注。

4）尺寸数字不被任何图线所通过，否则应将该图线断开。

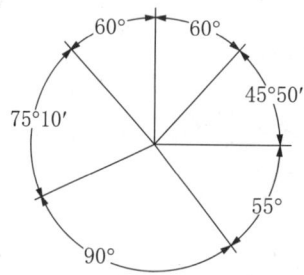

图 2-7　角度数字标注

2. 常用要素的尺寸标注

（1）球面尺寸

球面尺寸注法如图 2-8 所示。

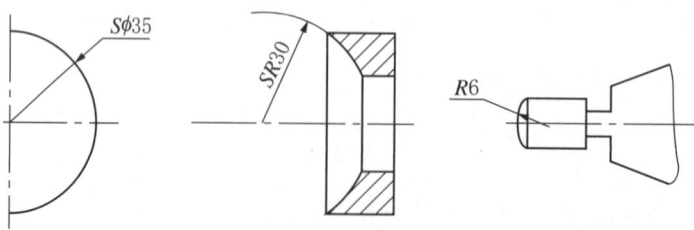

图 2-8　球面尺寸注法

（2）标注剖面为正方形的尺寸

正方形尺寸的标注如图 2-9 所示。

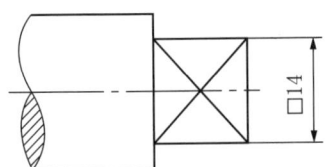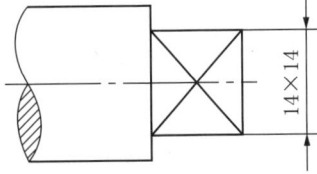

图 2-9 正方形结构尺寸的标注

（3）标注板状零件厚度时，可在尺寸数字前加注符号"t"

板厚零件厚度标注如图 2-10 所示。

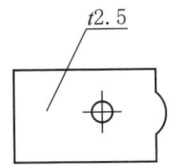

图 2-10 板厚标注

（4）长孔标注

长孔标注如图 2-11 所示。

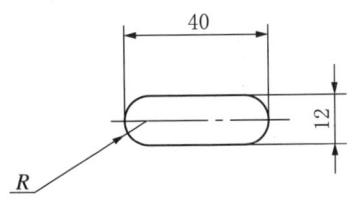

图 2-11 长孔标注

（5）斜度或锥度标注

斜度或锥度尺寸标注如图 2-12 所示。

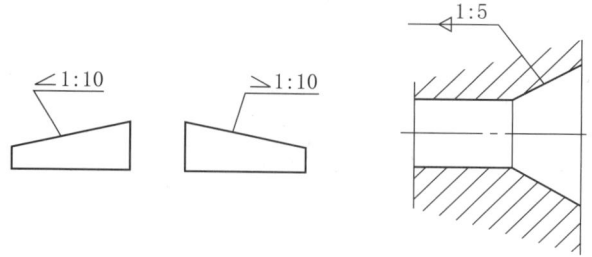

图 2-12　斜度和锥度标注

（6）45°倒角的标注

45°倒角和 45°非倒角的标注如图 2-13、图 2-14 所示。

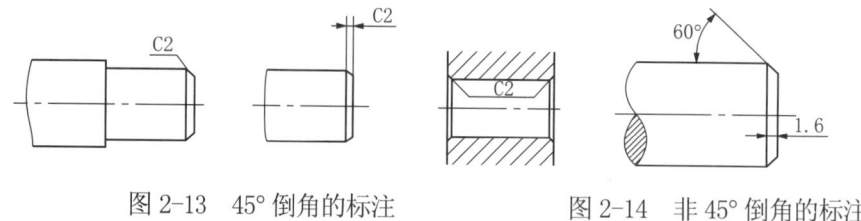

图 2-13　45°倒角的标注　　　图 2-14　非 45°倒角的标注

第五节　常用零件的规定画法及代号标注

1. 螺纹及螺纹紧固件

（1）螺纹的规定画法

国家标准《机械制图　螺纹及螺纹紧固件表示法》GB/T　4459.1—1995规定了在机械图样中螺纹及螺纹紧固件的画法。

1）外螺纹的规定画法

外螺纹基本大径和螺纹终止线用粗实线表示。基本小径用细实线表示（基本小径≈0.85 基本大径），与轴线平行的视图上基本小径的细实线应画入倒角内，与轴线垂直的视图上，基本小径的细实线圆只画 3/4 圈。螺杆端面的倒角圆省略不画 [图 2-15（a）]。实心轴上的外螺纹不必剖切，管道上的外螺纹沿轴线剖切后的画法如图 2-15（b）所示。

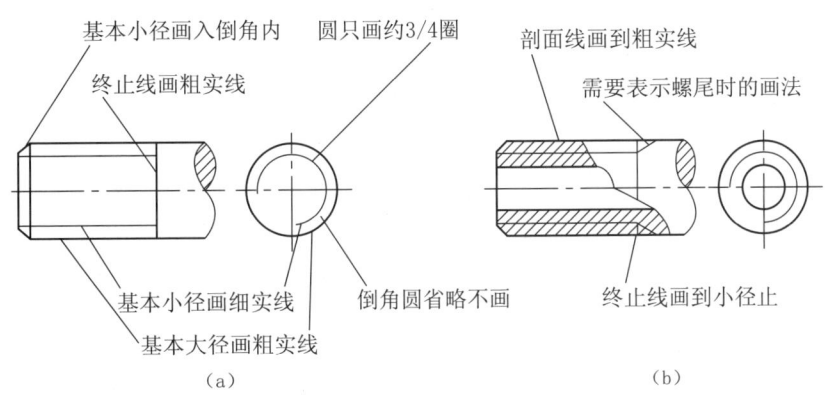

（a）　　　　　　　　　　　　　　　　　　（b）

图 2-15　外螺纹的画法

2）内螺纹的规定画法

当内螺纹画成剖视图时，基本大径用细实线表示，基本小径和螺纹终止线用粗实线表示。剖面线画到粗实线处。与轴线垂直的视图上，基本大径的细实线圆只画 3/4 圈。对于不通的螺孔，应将钻孔深度和螺孔深度分别画出，钻孔深度比螺孔深度深 $0.5d$，底部的锥顶角应画成 120°[图 2-16（a）]。内螺纹不剖时，与轴线平行的视图上，其基本大径和基本小径均用虚线表示 [图 2-16（b）]。

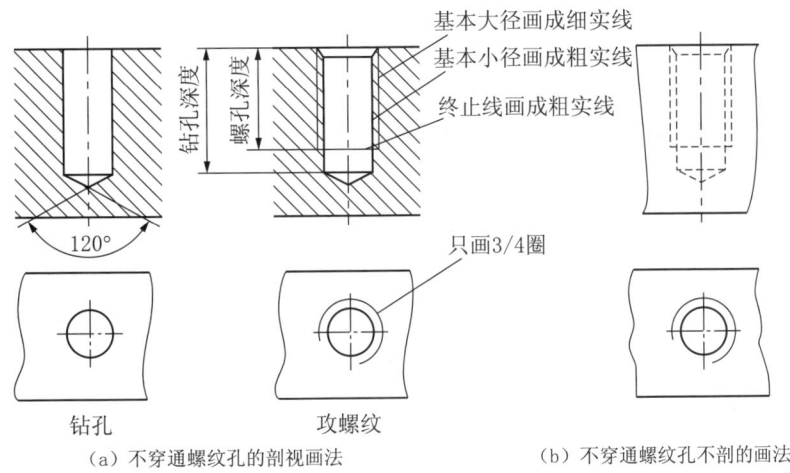

（a）不穿通螺纹孔的剖视画法　　　　　（b）不穿通螺纹孔不剖的画法

图 2-16　内螺纹的画法

3）螺纹连接画法

在剖视图中，内、外螺纹旋合部分按外螺纹的画法绘制，其余部分按各自的规定画法绘制（图 2-17）。此时，内外螺纹的基本大径和基本小径应对齐，螺纹的基本小径与螺杆的倒角大小无关，剖面线均应画到粗实线。

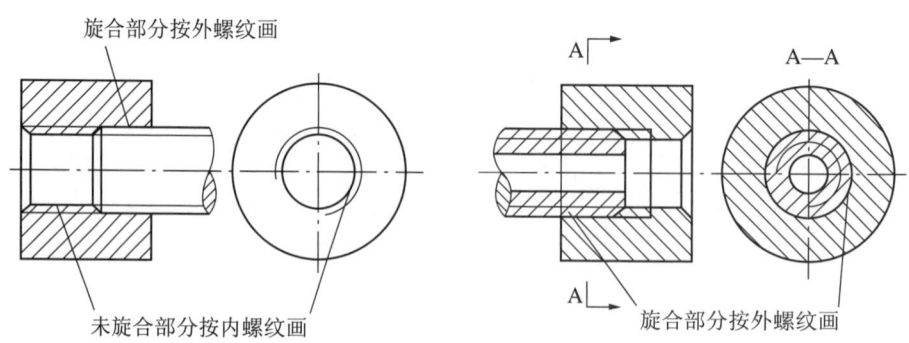

图 2-17 内外螺纹连接时的画法

（2）螺纹紧固件的种类和规定标注

螺纹紧固件包括螺栓、螺柱、螺钉、螺母和垫圈等。它们都是标准件，其结构形式和尺寸可按其规定标记在相应的国标中查出，表 2-5 列出常用螺纹紧固件标记示例。

常用螺纹紧固件标记示例　　　　　　　　　　　　　　表 2-5

名称	简图	规定标注及说明
六角头螺栓	M16　55	螺栓 GB/T 5780 M16×55 M16 为螺纹规格，55 为螺栓的公称长度
螺柱	M16　b_m　45	螺柱 GB/T 897 M16×45 M16 为螺纹规格，45 为螺柱的公称长度，两端均为粗牙普通螺纹，B 型，旋入 $b_m = 1d$，不标注类型
开槽沉头螺钉	M12　60	螺钉 GB/T M12×60 M12 为螺纹规格，60 为螺钉的公称长度

续表

名称	简图	规定标注及说明
开槽锥端紧固螺钉	M12 / 50	螺钉 GB/T71 M12×50 M12 为螺纹规格，50 为螺钉的公称长度
Ⅰ型六角螺母	M16	螺母 GB/T 6170 M16 M16 为螺纹规格
Ⅰ型六角开槽螺纹C级	M20	螺母 GB/T 6179 M20 M20 为螺纹规格

（3）螺纹紧固件连接的画法规定

螺纹紧固件是工程上应用最广泛的连接零件。常用的连接形式有：螺栓连接、双头螺柱连接和螺钉连接。画螺纹紧固件连接图样时应遵守下列基本规定（图 2-18）。

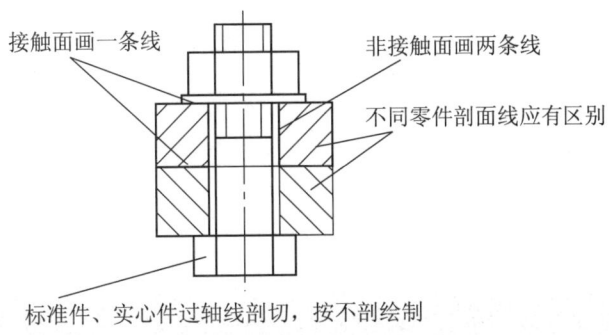

图 2-18　螺纹连接的基本规定

1）相邻两零件接触表面，只画一条线，非接触表面画两条线，如间隙太小，可夸大画出。

2）在剖视图中，相邻两被连接件的剖面线应有区别，要么方向相反，要么间距不等。而同一零件的剖面线在各个剖视图中应一致，即方向相同，间隔相等。

3）在剖视图中，当剖切平面通过螺纹紧固件和实心件（螺钉、螺栓、螺母、垫圈、键、球及轴等）的基本轴线剖切时，这些零件按不剖绘制。

2. 键、销连接

（1）键连接的画法

采用键连接轴和轮，其上都应有键槽存在。图2-19（a）是轴上键槽的画法，图2-19（b）是轮上键槽的画法。

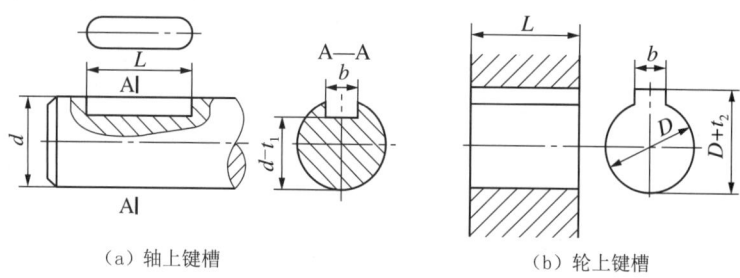

（a）轴上键槽　　　　　　　（b）轮上键槽

图 2-19　键槽的画法和尺寸标注

普通平键连接画法如图2-20所示。在主视图中，键和轴均按不剖绘制。为了表达键在轴上的装配情况，主视图又采用了局部剖视。在左视图上，键的两个侧面是工作面，只画一条线。键的顶面与键槽顶面不接触，应画两条线。半圆键的连接画法如图2-21所示。

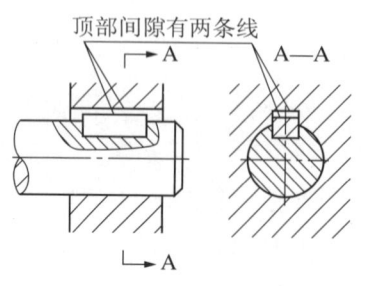 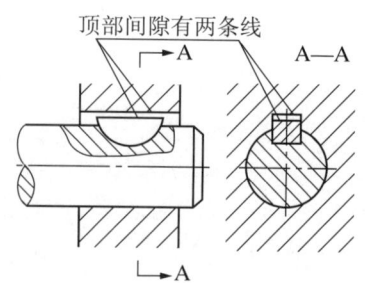

图 2-20　普通平键连接画法　　　　图 2-21　半圆键连接图

钩头楔键的底面和轮毂的底面都有 1:100 的斜度，连接时将键打入槽内，键的顶面与毂槽底面接触，画图时只画一条线，两侧面不接触画成两条线（图 2-22）。

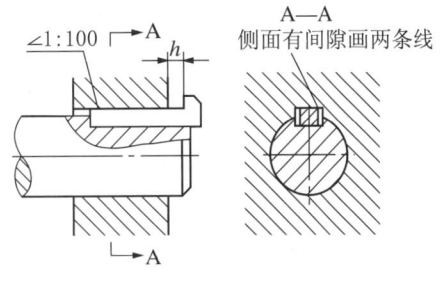

图 2-22　楔键连接图

（2）销连接

销是标准件，常用的销有圆柱销、圆锥销、开口销等。表 2-6 为三种销连接的标记和画法。

销连接的标记和画法　　　　表 2-6

名称及标准	图例	标记	连接画法
圆柱销 GB/T 119.1—2000		销　GB/T 119.1 $d \times l$	
圆锥销 GB/T 117—2000		销　GB/T 117 $d \times l$	
开口销 GB/T 91—2000		销　GB/T 91 $d \times l$	

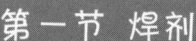

第_三章

焊接的常用材料

第一节 焊剂

1. 焊剂的分类与用途

（1）焊剂的分类

1）按制造方法分类

①熔炼焊剂：将一定比例的各种配料放在炉内熔炼，然后经过水冷，使焊剂形成颗粒状，经烘干、筛选而制成的一种焊剂。优点是化学成分均匀，可以获得性能均匀的焊缝。由于高温熔炼过程中，合金元素会被氧化，所以不能依靠熔炼焊剂来向焊缝大量添加合金。熔炼焊剂是目前生产中使用最广泛的一类焊剂。

②烧结焊剂：将一定比例的各种粉状配料加入适量的黏结剂，混合搅拌后经高温（400℃～1000℃）烧结成块，然后粉碎，筛选而制成的一种焊剂。

③黏结焊剂：将一定比例的粉状配料加入适量黏结剂，经混合搅拌、粒化和低温（400℃以下）烘干而制成的一种焊剂，以前称陶质焊剂。

后两种焊剂都属于非熔炼焊剂，由于没有熔炼过程，所以化学成分不均匀，因而造成焊缝性能不均匀，但可以在焊剂中添加铁合金，增大焊缝金属合金化。目前这两种焊剂在生产中应用还不广泛。

2）按焊剂中添加脱氧剂、合金剂分类

①中性焊剂：指在焊接后，熔敷金属化学成分与焊丝化学成分不产生明显变化的焊剂。多用于多道焊，特别适合厚度大于 25mm 的母材的焊接。

②活性焊剂：指在焊剂中加入少量的锰、硅脱氧剂的焊剂，可以提高抗气孔能力和抗裂性能。主要用于单道焊，特别是对易氧化的母材。

③合金焊剂：指该焊剂与碳钢焊丝合用后，其熔敷金属为合金钢的焊剂，这类焊剂中添加了较多的合金成分，用于过渡合金，多数合金焊剂为黏结焊剂和烧结焊剂。

（2）焊剂的用途

1）高硅型熔炼焊剂

根据 MnO 含量的不同，分为高锰高硅、中锰高硅、低锰高硅、无锰高硅 4 种焊剂，可向焊缝中过渡硅，锰的过渡量与 SiO_2 含量有关，也与焊丝中的 Mn 含量有关。应根据焊剂中 MnO 的含量来选择焊丝。该焊剂用于焊接低碳钢和某些低合金结构钢。

2）中硅型熔炼焊剂

碱度较高，大多数属于弱氧化性焊剂，焊缝金属含氢量低，韧性较高，配合适当的焊丝焊接合金结构钢，加入一定量的 FeO 成为中硅性氧化焊剂，可焊接高强度钢。

3）低硅型熔炼焊剂

对焊缝金属没有氧化作用，配合相应的焊丝可焊接高合金钢，如不锈钢、热强钢等。

4）氟碱型烧结焊剂

碱性焊剂，焊缝金属有较高的低温冲击韧性度，配合适当的焊丝焊接各种低合金结构钢，用于重要的焊接产品。该焊剂可用于多丝埋弧焊，特别适用于大直径容器的双面单道焊。

5）硅钙型烧结焊剂

中性焊剂，配合适当的焊丝可焊接普通结构钢、锅炉用钢、管线用钢，用多丝快速焊接，特别适用于双面单道焊，由于是短渣，可焊接小直径管线。

6）硅锰型烧结焊剂

酸性焊剂，配合适当的焊丝可焊接低碳钢及某些低合金钢，用于机车车辆、矿山机械等金属结构的焊接。

7）铝钛型烧结焊剂

酸性焊剂，有较强的抗气孔能力，对少量的铁锈及高温氧化膜不敏感，配合适当的焊丝可焊接低碳钢及某些低合金结构钢，如锅炉、船舶、压力容器，可用于多丝快速焊。特别适用于双面单道焊。

8）高铝型烧结焊剂

中等碱度，为短渣熔剂，工艺性能好，特别是脱渣性能优良，配合适当的焊丝可用于焊接小直径环境、深坡口、窄间隙等低合金结构钢，如锅炉、船舶、化工设备等。

2. 焊剂的基本要求

1）保证焊缝金属获得所需要的化学成分和力学性能。

2）保证电弧燃烧稳定。

3）焊剂在焊接过程中不应析出有毒气体。

4）焊剂在高温状态下要有合适的熔点和黏度以及一定的熔化速度，以保证焊缝成形良好，焊后有良好的脱渣性。

5）对锈、油及其他杂质的敏感性要小，硫、磷含量要低，以保证焊缝中不产生裂纹和气孔等缺陷。

6）焊剂的吸潮性要小。

7）具有合适的粒度，焊剂的颗粒要具有足够的强度，以保证焊剂的多次使用。

3. 焊剂的选择与使用

（1）焊剂的选择

1）低碳钢埋弧焊焊剂的选择。选择低碳钢埋弧焊用焊剂时，应遵循下列原则：

①采用沸腾钢焊丝进行埋弧焊时，为了保证焊缝金属能通过冶金反应得到必要的硅锰渗合金，形成致密的、具有足够强度和韧性的焊缝金属，必须选用高锰高硅焊剂。

②在中厚板对接大电流单面开 I 形坡口埋弧焊焊接时，为了提高焊缝金属的抗裂性，应选用氧化性较高的高锰高硅焊剂配用 H08A 或 H08MnA 焊丝进行焊接。

③进行厚板埋弧焊时，为了得到冲击韧度较高的焊缝金属，应选用中锰中硅焊剂配用 H10Mn2 高锰焊丝。

④薄板用埋弧焊高速焊接时，对焊缝的强度和韧性的要求不是很高，但要充分考虑薄板在高速焊接时的良好焊缝熔合及成形，故应选用烧结焊剂 SJ501 配用强度相宜的焊丝。

⑤SJ501 焊剂抗锈能力较强，按焊件的强度要求配用相应的焊丝，可以焊接表面锈蚀严重的焊件。

2）低合金钢埋弧焊焊剂的选择。选择低合金钢埋弧焊用焊剂时应遵循下列原则：

①进行低合金钢埋弧焊肘，为防止冷裂纹及氢致延迟裂纹的产生，应选择碱度较高的低氢型 HJ25× 系列焊剂，并配用含硅、含锰量适中的合金焊丝。

②进行低合金钢厚板多层多道埋弧焊时，应选用脱渣性较好的高碱度烧结焊剂。

3）不锈钢埋弧焊焊剂的选择。选择不锈钢埋弧焊用焊剂时应遵循下列原则：

①进行不锈钢埋弧焊时，为防止合金元素在焊接过程中的过量烧损，应选用氧化性较低的焊剂。

②HJ260 是低锰高硅中氟型熔炼焊剂，具有一定的氧化性，为防止合金元素的烧损，进行埋弧焊时应选用镍含量较高的铬镍钢焊丝，补充焊接过程中烧损的合金元素。

③SJ103 氟碱性烧结焊剂，不仅脱渣良好、焊缝成形美观，具有良好的焊接工艺性，而且还能保证焊缝金属具有足够的 Cr、Mo、Ni 含量，可满足不锈钢焊件的技术要求。

④HJ150、HJ172 型焊剂，虽然氧化性较低，合金元素烧损较少，但是，焊剂的脱渣性能不良，所以，很少应用于不锈钢厚板的多层多道埋弧焊。

（2）焊剂的使用

1）焊剂的烘干。焊剂在使用前必须进行烘干，清除焊剂中的水分。操作时，先将焊剂平铺在干净的铁板上，再放入电炉或火焰炉内烘干，烘干炉内焊剂的堆放高度不得超过 50mm。部分焊剂烘干温度及时间，见表 3-1。

部分焊剂烘干温度及时间 表 3-1

焊剂牌号	焊剂类型	焊前烘干度（℃）	保温时间（h）
HJ130	无锰高硅低氟	250	2
HJ150	无锰中硅中氟	300～450	2
HJ172	无锰低硅高氟	350～400	2
SJ105	氟碱型（碱度值为 2.0）	300～350	2
SJ502	铝钛型　酸性	300	1
SJ601	专用碱性焊剂	300～350	2

2）焊剂的储存。焊剂的储存环境应符合以下要求：

①储存焊剂的环境，室温应保持在 10℃～25℃，相对湿度应小于 50%。

②储存焊剂的环境应该通风良好，焊剂应摆放在距离地面 400mm、距离墙壁 300mm 的货架上。

③回收后准备再用的焊剂应存放在保温箱内。

④对进入保管库内的焊剂，还要同时保存好入库焊剂的质量证明书、焊剂的发放记录等。

⑤对不合格、报废的焊剂要妥善处理，不得与库存待用的焊剂混淆。

⑥对于刚买进的焊剂，要进行质量验收，在未得出结果之前，要与验收合格的焊剂隔离摆放。

⑦储存的每种焊剂前，都应有焊剂的标签，标签应注明焊剂的型号、牌号、生产日期、有效日期、生产批号、生产厂家、购入日期等。

3）焊剂使用注意事项。

①焊剂的使用应本着先进先出的原则，先买进的焊剂先使用。

②焊剂同收后，经过筛选、加温去湿，再与经过加温去湿的新补充的焊剂搅拌均匀后再用。

第二节 焊条

1. 焊条的分类

（1）按焊条的用途分类

按照焊条的用途进行分类，是焊条分类的主要方法之一。焊条按用途不同划分的种类、特性或用途见表 3-2。

焊条的种类、特性或用途　　　　表 3-2

序号	种类	特性或用途
1	碳钢焊条	熔敷金属，在自然气候下具有一定力学性能
2	低合金钢焊条	熔敷金属在自然气候环境中具有较强的力学性能
3	不锈钢焊条	熔敷金属具有不同程度的抗腐蚀能力和一定力学性能
4	堆焊焊条	熔敷金属具有一定程度的耐不同类型磨损或腐蚀等性能
5	铸铁焊条	专门用作焊补或焊接铸铁
6	镍及镍合金焊条	用作镍及镍合金的焊补、焊接、堆焊；焊补铸铁等
7	铜及铜合金焊条	用作铜及铜合金的焊补、焊接、堆焊；焊补铸铁等
8	铝及铝合金焊条	用作铝及铝合金的焊接、焊补或堆焊
9	特殊用途焊条	用于水下焊接、切割及管状焊条和铁锰铝焊条等

（2）按熔渣特性分类

1）酸性焊条：其熔渣的成分主要是酸性氧化物，具有较强的氧化性，合金元素烧损多，因而力学性能较差，特别是塑性和冲击韧性比碱性焊条低。同时，酸性焊条脱氧、脱磷、脱硫能力低，因此，热裂纹的倾向也较大。但这类焊条焊接工艺性较好，对弧长、铁锈不敏感，且焊缝成形好，脱渣性好，广泛用于一般结构。

2) 碱性焊条：熔渣的成分主要是碱性氧化物和铁合金。由于脱氧完全，合金过渡容易，能有效地降低焊缝中的氢、氧、硫。所以，焊缝的力学性能和抗裂性能均比酸性焊条好。可用于合金钢和重要碳钢的焊接。但这类焊条的工艺性能差，引弧困难，电弧稳定性差，飞溅较大，不易脱渣，必须采用短弧焊。

（3）按药皮的主要成分分类

焊条按药皮的主要成分分类，见表 3-3。

焊条药皮的主要成分		表 3-3
药皮类型	药皮主要成分（质量分数）	焊接电源
钛型	氧化钛 ≥ 35%	直流或交流
钛钙型	氧化钛 30% 以上；钙、镁的碳酸盐 20% 以下	
钛铁矿型	钛铁矿 ≥ 30%	
氧化铁型	多量氧化铁及较多的锰铁脱氧剂	直流或交流
纤维素型	有机物 15% 以上，氧化钛 30% 左右	
低氢型	钙、镁的碳酸盐或萤石	直流
石墨型	多量石墨	直流或交流
盐基型	氯化物和氟化物	直流

2. 焊条的组成

涂有皮的供手弧焊用的熔化电极叫焊条，它由药皮和焊芯两部分组成，如图 3-1 所示。

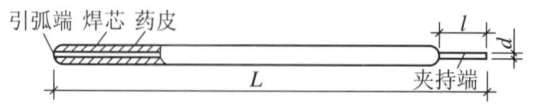

图 3-1　焊条外形

L—焊条长度；d—焊芯直径（焊条直径）；l—夹持端长度

（1）焊芯

焊芯是焊条中的钢芯。焊芯的牌号用"H"表示，表示"焊"，后面的数字表示碳量，其他合金元素含量的表示方法与钢号大致相同，质量水平不同的焊芯在最后标以一定符号以示区别。

（2）药皮

涂敷在焊芯表面的有效成分称为药皮，也称涂料。它是由矿石、铁合金、纯金属、化工物料和有机物的粉末混合均匀后黏结到焊芯上的。

根据焊条药皮的组成不同，药皮可分为不同类型，具体内容见表3-4。

药皮的类型   表3-4

类型	内容
氧化钛型	氧化钛型，简称铁型。焊条药皮中加入35%以上的二氧化钛和相当数量的硅酸盐、锰铁以及少量有机物
氧化钛钙型	氧化钛钙型，简称钛钙型。药皮中加入30%以上的二氧化钛和20%以下的碳酸盐，以及相当数量的硅酸盐和锰铁，一般不加或少加有机物
钛铁矿型	药皮中加入30%以上的铁铁矿和一定数量的硅酸盐、锰铁以及少量有机物，不加或少量的碳酸盐
氧化铁型	药皮中加入大量铁矿石和一定数量的硅酸盐、锰铁以及少量有机物
纤维素型	药皮中加入15%以上的有机物、一定数量的造渣物质以及锰铁等
低氢型	药皮中加入大量碳酸盐、萤石、铁合金以及二氧化铁等
石墨型	药皮中加入多量石墨，以保证焊缝金属的石墨化作用；配以低碳钢芯或铸铁芯可用于铸铁焊条
盐基型	药皮由氟盐和氯盐组成，如氟化钠、氟化钾、氯化钠、氯化锂、冰晶石等，主要用于铝及铝合金焊条

3. 焊条的基本要求

（1）焊条应满足接头的使用性能

焊条应使焊缝金属具有满足使用条件下的力学性能和其他物理化学性能

的要求。

1）对于结构钢用的焊条，必须使焊缝金属具有足够的强度和韧性。

2）对于不锈钢和耐热钢用的焊条，除要求焊缝金属具有必要的强度和韧性外，还要求有足够的耐蚀性和耐热性能，保证焊缝金属在工作期内的安全可靠。

（2）焊条应满足焊接的工艺性能

1）焊条应具有良好的抗裂性及抗气孔的能力。

2）焊接过程应飞溅小、电弧稳定，不易产生夹渣或焊缝成形不良等工艺缺陷。

3）焊条应能适应各种位置的焊接需要。

4）焊条应符合低烟尘和低毒要求。

（3）焊条应具有良好的内外质量

1）药皮粉末应混合均匀，与焊芯黏结牢靠，表面光洁、无裂纹、无脱落和气泡等缺陷。

2）焊条磨头、磨尾应圆整干净，尺寸符合要求，焊芯无锈，具有一定的耐湿性，有识别焊条的标志等。

4. 焊条的选择原则

1）根据被焊金属材料的化学成分、力学性能、抗裂性、耐腐蚀性及耐高温性等要求，选择相应的焊条种类。

2）根据焊缝金属的使用性能，选择相应的焊条。

3）根据焊缝金属的抗裂性选择焊条。当焊件刚度较大，母材含碳、硫、磷量偏高或外界温度偏低时，焊缝容易出现裂纹，焊接时最好选用抗裂性较好的碱性焊条。

4）根据焊件的工作条件与工艺特点选择焊条。对于承受交变载荷、冲击载荷的焊接结构，或者形状复杂、厚度大、刚性大的焊件，应选用碱性焊条甚至超低氢型焊条、高韧性焊条。对于母材中含碳、硫、磷量较高的焊件，应选择抗裂性较好的碱性焊条。在确定了焊条牌号后，还应根据焊接件厚度、焊接位置等条件选择焊条直径。一般是焊接件越厚，焊条直径越大。

5）根据焊接设备及施工条件选择焊条。在没有直流焊机的情况下，就不能选用低氢钠型焊条，可以选用交直流两用的低氢钾型焊条。当焊件不能翻转而必须进行全位置焊接时，应选用能适合各种条件下空间位置焊接的焊条。

6）根据焊工的劳动条件、生产率及经济合理性选用焊条。在满足产品质量的前提下，尽量选用少尘低害、生产率高、价格便宜的焊条。

7）根据生产效率选择焊条。对于焊接工作量大的焊件，在保证焊缝性能的前提下，尽量采用高效率的焊条。

5. 焊条的使用

（1）焊条使用前的检查

1）焊条采购入库时，必须有焊条生产厂的质量合格证，凡无质量合格证或对其质量有怀疑时，应按批抽查试验。

2）对重要的焊接结构进行焊接时，焊前应对所选用的焊条进行性能鉴定。

3）对于长时间存放的焊条，焊前应进行技术鉴定。

4）对于焊芯有锈迹的焊条，应经试验鉴定合格后使用。

5）对于受潮严重的焊条，应进行烘干后使用。

6）对于药皮脱落的焊条，应作报废处理。

（2）焊条烘干

焊条在使用前，应按说明书规定的温度进行烘干。因为焊条药皮受其成分、存放空间空气湿度、保管方式和贮存时间长短等因素的影响，会吸潮而使工艺性能变坏，造成焊接电弧不稳定，焊接飞溅增大，容易产生气孔和裂纹等缺陷。

1）酸性焊条烘干：酸性焊条的烘干温度为75℃～150℃，烘干时间为1h～2h，当焊条包装完好且贮存时间较短，用于一般的钢结构焊接时，焊前也可以不予以烘干。焊条烘干后允许在大气中的放置时间不超过6h～8h，否则必须重新烘干。

2）碱性焊条烘干：碱性焊条的烘干温度为 350℃～400℃，烘干时间 1h～2h，烘干后的焊条放在焊条保温筒中随用随取，焊条烘干后允许在大气中放置 3h～4h,对于抗拉强度在 590MPa 以上的低氢型高强度钢焊条应在 1.5h 以内用完，否则必须重新烘干。

3）纤维素型焊条烘干：纤维素型焊条烘干温度为 70℃～120℃，保温时间为 0.5h～1h。注意烘干温度不可过高，否则纤维素易烧损、焊条性能变坏。

对于某些管道用纤维素型焊条，由于厂家在调制焊条配方时，已将焊条药皮中所含水分对电弧吹力的影响一并考虑在内，若再进行烘干，将降低药皮的含水量，减弱电弧吹力，使焊接质量变差。因此，对于此类焊条可直接使用。

（3）焊条使用注意要点

1）严格按图样和工艺规程要求检查焊条牌号、规格和烘干等是否与要求相符。

2）按焊条说明书要求，正确地选择电源、极性接法、焊接工艺参数及适宜的操作方法。

3）施焊过程中，发现异常情况，应立即停焊，报请有关部门处理。

第三节 焊丝

1. 焊丝的分类与特点

（1）焊丝的不同分类

焊丝可分别按其适用的焊接方法、被焊材料、制造方法及焊丝的形状等进行分类。

1）按其适用的焊接方法可分为埋弧自动焊焊丝、电渣焊焊丝、CO_2 焊焊丝、堆焊焊丝、气焊焊丝等。埋弧焊使用的焊丝有实心焊丝和药芯焊丝两类，实心焊丝使用比较普遍，药芯焊丝只在某些特殊场合应用。

2）按被焊金属材料的不同可分为碳素结构钢焊丝、低合金钢焊丝、不锈钢焊丝、镍基合金焊丝、铸铁焊丝、有色金属焊丝和特殊合金焊丝等。

3）按制造方法与焊丝的形状可分为实心焊丝和药芯焊丝两大类。其中药芯焊丝又可分为气体保护焊丝和自保护焊丝两种。

目前比较常用的是按制造方法和其适用的焊接方法进行分类，焊丝的分类如图 3-2 所示。

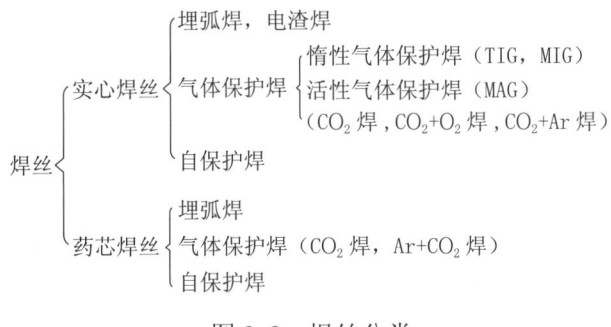

图 3-2　焊丝分类

（2）实心焊丝的分类及特点

实心焊丝是目前最常用的焊丝，由热轧线材经拉拔加工而成。为了防止焊丝生锈，必须对焊丝（除不锈钢焊丝外）表面进行特殊处理，目前主要采用的方法是镀铜。

实心焊丝包括埋弧焊、电渣焊、CO_2 气体保护焊、氩弧焊、气焊以及堆焊用的焊丝。实心焊丝的分类及应用特点见表 3-5。

实心焊丝的分类及应用特点　　　　　　　　　　　　表 3-5

分类	第二层次分类	特点
埋弧焊、电渣焊焊丝	低碳钢用焊丝	埋弧焊、电渣焊时电流大，要采用粗焊丝，焊丝直径 3.2mm ～ 6.4mm
	低合金高强度钢用焊丝	
	Cr-Mo 耐热钢用焊丝	
	低温钢用焊丝	

续表

分类	第二层次分类	特点
埋弧焊、电渣焊焊丝	不锈钢用焊丝	埋弧焊、电渣焊时电流大，要采用粗焊丝，焊丝直径 3.2mm ~ 6.4mm
	表面堆焊用焊丝	焊丝因含碳或合金元素较多，难以加工制造，目前主要采用液态连铸拉丝方法进行小批量生产
气体保护焊焊丝	TIG 焊用焊丝	一般不加填充焊丝，有时加填充焊丝。手工填丝为切成一定长度的焊丝，自动填丝时采用盘式焊丝
	MIG、MAG 焊用焊丝	主要用于焊接低合金钢、不锈钢等
	CO_2 焊用焊丝	焊丝成分中应有足够数量的脱氧剂，如 Si、Mn、Ti 等。如果合金含量不足，脱氧不充分，将导致焊缝中产生气孔，焊缝力学性能（特别是韧性）将明显下降
	自保护焊用焊丝	除了提高焊丝中 C、Si、Mn 的含量外，还要加入强脱氧元素 Ti、Zr、Al、Ce 等

1）埋弧焊和电渣焊用焊丝

埋弧焊和电渣焊时焊剂对焊缝金属起保护和冶金处理作用，焊丝主要作为填充金属，同时向焊缝添加合金元素，二者直接参与焊接过程中的冶金反应，焊缝成分和性能是由焊丝和焊剂共同决定的。

根据被焊材料的不同，埋弧焊焊丝又分为低碳钢焊丝、低合金高强度钢焊丝、Cr-Mo 耐热钢焊丝、低温钢焊丝、不锈钢焊丝、表面堆焊焊丝等。

2）气体保护焊用焊丝

气体保护焊分为惰性气体保护焊(TIG、MIG)和活性气体保护焊(MAG)两种。惰性气体主要采用 Ar 气，活性气体主要采用 CO_2 气体。MIG 焊接时一般采用 Ar + 2%O_2 或 Ar + 5%CO_2；MAG 焊接时采用 CO_2、Ar + CO_2 或 Ar + O_2。

根据焊接方法的不同，气体保护焊用焊丝分为 TIG 焊接用焊丝、MIG 和 MAG 焊接用焊丝、CO_2 焊接用焊丝等。

3）自保护焊接用实心焊丝

利用焊丝中所含有的合金元素在焊接过程中进行脱氧、脱氮，以消除从空气中进入焊接熔池的氧和氮的不良影响。为此，除提高焊丝中的 C、Si、Mn 含量外，还要加入强脱氧元素 Ti、Zr、Al、Ce 等。

（3）药芯焊丝的分类及特点

药芯焊丝是将药粉包在薄钢带内卷成不同的截面形状经轧拔加工制成的焊丝。药芯焊丝的分类比较复杂，根据焊丝结构，药芯焊丝可分为有缝焊丝和无缝焊丝两种。无缝焊丝可以镀铜，性能好、成本低。

1）按是否使用外加保护气体分类

根据是否有保护气体，药芯焊丝可分为气体保护焊丝（有外加保护气）和自保护焊丝（无外加保护气）。气体保护药芯焊丝的工艺性能和熔敷金属冲击性能比自保护的好，但自保护药芯焊丝具有抗风性，更适合室外或高层结构现场使用。

药芯焊丝可作为熔化极（MIG、MAG）或非熔化极（TIG）气体保护焊的焊接材料。TIG 焊接时，大部分使用实心焊丝作填充材料。焊丝内含有特殊性能的造渣剂，底层焊接时不需充氩保护，芯内粉剂会渗透到熔池背面，形成一层致密的熔渣保护层，使焊道背面不受氧化，冷却后该焊渣很易脱落。

MAG 焊接是 CO_2 焊和 Ar 加上超过 5% 的 CO_2 或超过 2% 的 O_2 等混合气体保护焊的总称。由于加入了一定量的 CO_2 或 O_2，氧化性较强。MIG 焊接是纯 Ar 中加入少量活性气体（$\leqslant$ 2% 的 O_2 或 $\leqslant$ 5% 的 CO_2）。

气电立焊用药芯焊丝是专用于气体保护强制成形焊接方法的一种焊丝。为了向上立焊，熔渣不能太多，故该焊丝中造渣剂的比例为 5% ～ 10%，同时含有大量的铁粉和适量的脱氧剂、合金剂和稳弧剂，以提高熔敷效率和改善焊缝性能。

2）按药芯焊丝的横截面结构分类

药芯焊丝的截面形状对焊接工艺性能与冶金性能有很大影响。根据药芯焊丝的截面形状可分为简单断面的"O"形和复杂断面的折叠形两类，折叠形又可分为梅花形、T 形、E 形和中间填丝形等。

一般来说，药芯焊丝的截面形状越复杂越对称，电弧越稳定，药芯的冶金反应和保护作用越充分。但是随着焊丝直径的减小，这种差别逐渐缩小。当焊丝直径小于 2mm 时，截面形状的影响已不明显。目前，小直径（小于 2.0mm）药芯焊丝通常采用"O"形截面，大直径（大于 2.4mm）药芯焊丝多采用 E 形、T 形等折叠形复杂截面。

3）按药芯中有无造渣剂分类

药芯焊丝芯部粉剂的成分与焊条药皮相类似，根据药芯焊丝内层填料粉剂中有无造渣剂可分为熔渣型（有造渣剂）和金属粉型（无造渣剂）两类。在熔渣型药芯焊丝中加入粉剂，主要是为了改善焊缝金属的力学性能、抗裂性及焊接工艺性能。

粉剂有脱氧剂（硅铁、锰铁）、造渣剂（金红石、石英等）、稳弧剂（钾、钠等）、合金剂（Ni、Cr、Mo 等）及铁粉等。按照造渣剂的种类及渣的碱度可分为钛型（又称金红石型、酸性渣）、钛钙型（又称金红石碱型、中性或弱碱性渣）、钙型（碱性渣）。

钛型渣系药芯焊丝的焊道成形美观，全位置焊接工艺性能优良，电弧稳定，飞溅小，但焊缝金属的韧性和抗裂性稍差。钙型渣系药芯焊丝焊缝金属的韧性和抗裂性优良，但焊道成形和焊接工艺性稍差。钛钙型渣系介于二者之间。

金属粉型药芯焊丝几乎不含造渣剂，焊接工艺性能类似于实心焊丝，但电流密度更大。具有熔敷效率高、熔渣少的特点，抗裂性能优于熔渣型药芯焊丝。这种焊丝粉芯中大部分是金属粉（铁粉、脱氧剂等），其造渣量仅为熔渣型药芯焊丝的1/3，多层焊可不清渣，使焊接生产率进一步提高。此外，还加入了特殊的稳弧剂，飞溅小，电弧稳定，而且焊缝扩散氢含量低，抗裂性能得到改善。

药芯焊丝与实心焊丝的相同之处：

①与手工电弧焊焊条相比，可实现高效焊接。

②容易实现自动化、机械化焊接。

③能直接观察到电弧，容易控制焊接状态。

④抗风能力较弱，存在保护不良的危险。

与实心焊丝相比，药芯焊丝具有的特点：

①具有比实心焊丝更高的熔敷速度，特别是在全位置焊接场合，可使用大电流，提高了焊接效率。

②电弧柔软，飞溅很少。

③焊道外观平坦、美观。

④烟尘发生量较多。

⑤当产生焊渣时，必须清除。

与实心焊丝相比，药芯焊丝具有工艺性好、飞溅小、焊缝成形美观、可采用大电流进行全位置焊接和熔敷效率高等优点。实心焊丝难以解决的飞溅大、成形差、电弧硬等问题，采用细直径药芯焊丝焊接时即可解决。

2. 焊丝的型号和牌号

（1）实心焊丝的型号和牌号

1）实心焊丝的型号

①气体保护焊用碳钢、低合金钢焊丝。

焊丝型号的表示方法为 ER××-×，字母"ER"表示焊丝，ER 后面的两位数字表示熔敷金属的抗拉强度最低值，短线"-"后面的字母或数字表示焊丝化学成分分类代号。如还附加其他化学元素时，直接用元素符号表示，并以短线"-"与前面数字分开。

焊丝型号示例如图 3-3 所示：

图 3-3　焊丝型号

②铸铁气焊焊丝。铸铁气焊焊丝型号中的字母"R"表示焊丝，字母"Z"表示焊丝用于铸铁焊接，在"RZ"字母后用焊丝的主要化学元素符号或金属类型代号表示（见表 3-6），再细分时用数字表示。焊丝型号示例如图 3-4 所示。

铸铁焊丝的分类及型号　　　　　　　　　　表 3-6

类别	名称	型号
铁基焊丝	灰铸铁焊丝	RZC
	合金铸铁焊丝	RZCH
	球墨铸铁焊丝	RZCQ

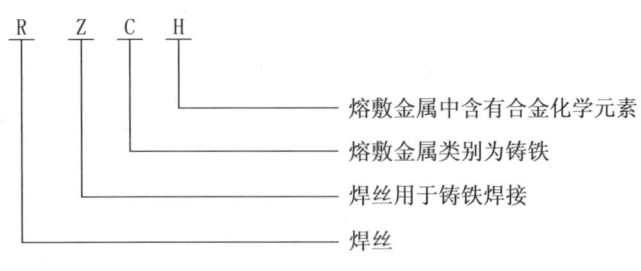

图 3-4　焊丝型号

③铜及铜合金焊丝。铜及铜合金焊丝型号的表示方法为 HSCu××-×，字母 HS 表示焊丝，其后化学元素符号表示焊丝的主要组成元素，在短线"–"后的数字表示同一主要化学元素组成中的不同品种，如 HSCuZn-1，HSCuZn-2 等。

④铝及铝合金焊丝。焊丝型号以"丝"字的汉语拼音第一个字母"S"表示，"S"后面用化学元素符号表示焊丝的主要合金组成，化学元素符号后的数字表示同类焊丝的不同品种。铝及铝合金焊丝的分类及型号见表 3-7。

铝及铝合金焊丝的分类及型号　　　　　　　　　表 3-7

类别	焊丝型号	类别	焊丝型号
纯铝	SAl-1 SAl-2 SAl-3	铝镁合金 铝铜合金 铝锰合金	SAlMg-5 SAlCu SAlMn
铝镁合金	SAlMg-1 SAlMg-2 SAlMg-3	铝硅合金	SAlSi-1 SAlSi-2

⑤镍及镍合金焊丝。镍及镍合金焊丝型号的表示方法为 ERNi××-×，字母 ER 表示焊丝，ER 后面的化学符号 Ni 表示为镍及镍合金焊丝，焊丝中的其他主要合金元素用化学符号表示，放在符号 Ni 的后面，短线"–"后面的数字表示焊丝化学成分分类代号。焊丝型号示例如图 3-5 所示：

图 3-5　焊丝型号

2）实心焊丝的牌号

除气体保护焊用碳钢及低合金钢焊丝外，实心焊丝牌号的首位字母"H"表示焊接用实心焊丝，后面的一位或两位数字表示含碳量，其他合金元素含量的表示方法与钢材的表示方法大致相同。

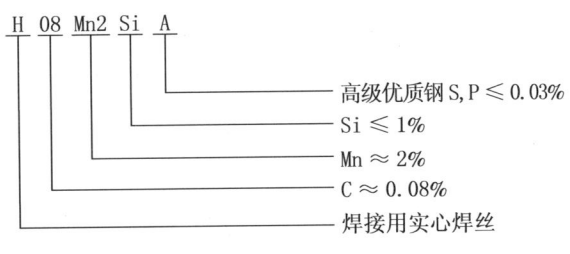

图 3-6　焊丝牌号

化学元素符号及其后的数字表示该元素的近似含量；牌号尾部标有"A"或"E"时，"A"表示硫磷含量要求低的优质钢焊丝，"E"表示硫、磷含量要求特别低的特优质钢焊丝。焊丝牌号示例如图 3-6 所示。

（2）药芯焊丝的型号和牌号

1）药芯焊丝的型号

根据《碳钢药芯焊丝》GB 10045—2001 的规定，药芯焊丝型号分类的依据是：熔敷金属的力学性能；焊接位置；焊丝类别特点，包括保护类型、电流类型、渣系特点等。

焊丝型号的表示方法为：E×××T-×ML，字母"E"表示焊丝，字母"T"表示药芯焊丝。型号中的符号按排列顺序分别为：

①熔敷金属力学性能。字母"E"后面的前两个符号"××"表示熔敷金属的力学性能。

②焊接位置。字母"E"后面的第三个符号"×"表示推荐的焊接位置，其中"0"表示平焊和横焊位置，"1"表示全位置。

③焊丝类别特点。短线"-"后面的符号"×"表示焊丝的类别特点。

④字母"M"表示保护气体为 75%～80%（Ar + CO_2）。当无字母"M"时，表示保护气体为 CO_2 或为自保护类型。

⑤字母"L"表示焊丝熔敷金属的冲击性能在－40℃时，其 V 形缺口冲击功不小于 27J。当无字母"L"时，表示焊丝熔敷金属的冲击性能符合一般要求。

药芯焊丝型号示例如图 3-7 所示：

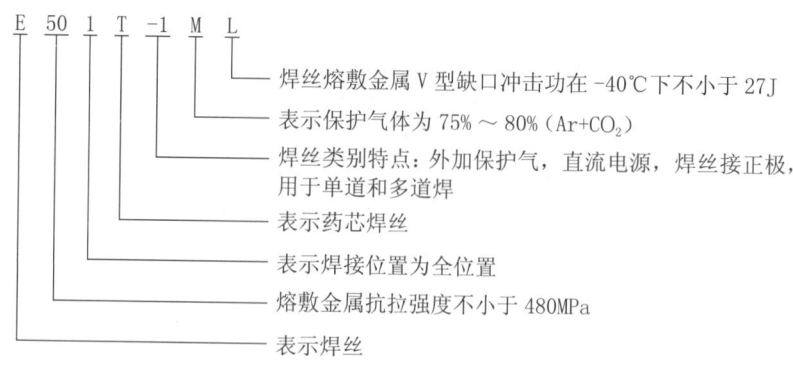

图 3-7 药芯焊丝型号

2）药芯焊丝的牌号

牌号第一个字母"Y"表示药芯焊丝，第二个字母及第一、第二、第三位数字与焊条编制方法相同；牌号"-"后面的数字表示焊接时的保护方法（见表 3-8）。药芯焊丝有特殊性能和用途时，在牌号后面加注起主要作用的元素或主要用途的字母（通常不超过两个）。

药芯焊丝牌号 "-" 后面数字的含义 表 3-8

牌号	焊接时保护方法	牌号	焊接时保护方法
YJ×××-1	气体保护	YJ×××-3	气体保护、自保护两用
YJ×××-2	自保护	YJ×××-4	其他保护形式

第四节 保护气体和钨极

1. 保护气体

（1）氩气

氩气是无色无味的惰性气体。化学性质很不活泼，在常温、高温下，既不与其他元素发生化学反应，也不溶于金属中，所以，在焊接过程中用它作为保护气体，可以避免合金元素的烧损以及由此而产生的其他焊接缺陷，使焊接过程中的冶金反应变得简单而易于控制，确保了焊缝的高质量。

氩气的密度为 $1.784kg/m^3$；在 20℃时，热导率为 $0.0168W/(m·K)$，由于氩气是单原子气体，在高温时不分解吸热，所以在氩气保护中的焊接电弧，热量损失较少，焊接电弧燃烧比较稳定，氩气电离势为 15.7V，其沸点为 -186℃，化学元素符号为 Ar。

氩气用气瓶储运，瓶内装有氩气气体，瓶体为银灰色并写有深绿色"氩气"两字。氩气的价格比氦气价格低。

（2）氦气

氦气是无色无味的惰性气体。化学性质很不活泼，在常温、高温下，既不与其他元素发生化学反应，也不溶于金属，是一种单原子气体。在焊接过程中用它作为保护气体，可以避免合金元素的烧损以及由此而产生的其他焊接缺陷。

氦气的密度为 $0.179kg/m^3$；在 20℃时，热导率为 $0.151W(m·K)$；氦气的电离势为 24.5V；其沸点为 -269℃；化学元素符号为 He。

氦气的成本比较高，来源也不足，从而限制了它的使用。

（3）二氧化碳气

纯二氧化碳（CO_2）气体是无色、无嗅而有酸味。其密度为 $1.977kg/m^3$，比空气重（空气为 $1.29kg/m^3$），其密度是随着温度的不同而变化，当温度低于 -11℃时比水重，当温度高于 -11℃时，则比水轻；热导率为 $0.0143W/(m·K)$；最小电离势为 14.3V；化学符号为 CO_2。

CO_2 有三种状态，分别为固态、液态和气态。CO_2 液态变为气体的沸点很低（-78℃），所以工业用的 CO_2 都是液态，在常温即可变为气体。在不加压力冷却时，CO_2 即可变为干冰。当温度升高时，干冰又可直接变为气体。因为空气中的水分不可避免地凝结在干冰上，使干冰在气化时产生的 CO_2 气体中，含有大量的水分，所以，固态的 CO_2 不能用在焊接工艺制造上。在 0℃、0.1MPa 压力下，1kg 的液态 CO_2 可以气化成 509L 的气态 CO_2 气体。

为了保证焊接质量，可以在焊接现场采取如下有效措施，来降低 CO_2 气体中水分的含量：

1）更换新气瓶时，先放气 2min ～ 3min，排除装瓶时混入气瓶中的空气和水分。

2）必要时，可在气路中设置高压干燥器。用硅胶或脱水硫酸铜作为干燥剂，对气路中的 CO_2 气体进行干燥。

3）在现场将新灌的气瓶倒置 1h ～ 2h 后，打开阀门，可以排出沉积在瓶底内的自由状态的水，根据瓶中的含水量的不同，每隔 30min 左右放一次水，需放水 2 ～ 3 次后，将气瓶倒 180° 方向放正，此时就可以用于焊接了。

（4）氮气

氮气具有还原性，能显著地增加电弧电压，用氮气作为保护气体，在焊接过程中，可产生很大的热量。氮气的热导率比氩气或氦气高得多，故可以提高焊接速度，降低成本，获得较好的经济效益。氮气的化学符号为 N_2。

采用氮气保护进行电弧焊焊接时，由于焊接热输入增大，可以降低或取消预热措施。此外，在焊接过程中，还会有烟雾或飞溅产生。

采用氮气作为保护气体，只能焊接铜及铜合金。

（5）混合气体

1）氩－氦混合气体

氩－氦混合气体是惰性气体。用氩弧焊焊接时，氩气低速流动的保护作用较大，焊接电弧柔软、便于控制；而用氦弧焊时，氦气高速流动的保护作用最大，并且氦弧焊的熔深较大，适宜厚板材料的焊接。

当用氦气（He）80%＋氩气（Ar）20% 的混合气作为保护气体焊接时，其保护作用具有氩弧焊、氦弧焊两个工艺的优点。

氩－氦混合气体广泛用于自动气体保护焊工艺，可焊接厚板的铝及铝合金。

2）氩－氧混合气体

氩－氧混合气体具有氧化性，采用氧化性气体保护焊接，可以细化过渡熔滴，克服电弧阴极斑点飘移及焊缝边缘咬边等缺陷。氩－氧混合气体的成本比纯氩气保护气体的成本低廉，与用纯氩气保护相比，同样的保护气体流量，氩－氧混合气体可以增大焊接热输入，从而提高焊接速度。

氩－氧混合气体只能用于熔化极气体保护焊,因为,在钨极气体保护焊时,氩－氧混合气体将加速钨极的氧化。氩－氧混合气体还有助于焊接电弧的稳定,减少焊接飞溅。

当熔滴需要射流过渡或对焊缝质量要求较高时,可以用氩－氧混合气体作为保护气体进行焊接。

3)氩－氧－二氧化碳混合气体

氩－氧－二氧化碳混合气体具有氧化性,这种混合气体提高了焊缝熔池的氧化,也由此降低了焊缝金属的含氢量。用氩－氧－二氧化碳混合气体保护焊,既增大了焊缝的熔深,又使焊缝成形好,不易形成气孔或咬边缺陷,但是,焊缝可能会有少量的增碳。

这种混合气体保护焊常用于不锈钢、高强度钢、碳素钢及低合金钢的焊接。

4)氩－氮混合气体

氩－氮混合气体具有还原性,比氮弧焊容易控制和操作电弧,焊接热输入比用纯氩气焊接时大,当用氩气(Ar)80%+氮气(N_2)20%的混合气体保护焊时,会有一定量的飞溅产生。

氩－氮混合气体保护焊只能用于铜及铜合金的焊接。

2. 钨极

钨是一种难熔的金属材料,能耐高温,其熔点为3657K～3873K,沸点为6173K,导电性好,强度高。

(1)纯钨极

牌号是W1、W2。含钨99.65%以上,一般使用在要求不严格的情况下。在使用交流电时,纯钨极电流承载能力较低,抗污染能力差,要求焊机有较高的空载电压。目前很少采用。

(2)钍钨极

牌号是WTh-7、WTh-10、WTh-15,含有1%～2%氧化钍的钨极,其电子发射率较高，电流承载能力较好，寿命较长并且抗污染性能较好，引弧容易，电弧稳定。成本较高，具有微量放射性。

（3）铈钨极

牌号是Wce-5、Wce-13、Wce-20。在纯钨中分别加入0.5%、1.3%、2%的氧化铈，与钍钨极相比，在直流小电流焊接时，易于建立电弧，引弧电压比钍钨极低50%，电弧燃烧稳定，弧束较长，热量集中，烧损率比钍钨极低5%～50%，最大许用电流密度比钍钨极高5%～8%，几乎没有放射性等。是我国建议尽量采用的钨极。

（4）锆钨极

牌号是WZr-15。性能在纯钨极和钍钨极之间。用于交流焊接时，具有纯钨极理想的稳定特性和钍钨极的载流量及引弧特性等综合性能。

钨极的电流承载能力与钨极的直径有关，可根据焊接电流选择钨电极直径，详见表3-9。

根据焊接电流选择钨电极直径　　　　　　　　　　　表3-9

钨电极直径（mm）	直流 DC（A）		交流 AC（A）
	电极接负极（-）	电极接正极（+）	
1.0	15～80	—	10～80
1.6	60～150	10～18	50～120
2.0	100～200	12～20	70～160
2.4	150～250	15～25	80～200
3.2	220～350	20～35	150～270
4.0	350～500	35～50	220～350
4.8	420～650	45～65	240～420
6.4	600～900	65～100	360～560

钨极端头的形状，在焊接过程中对电弧的稳定性有很大影响，常用的钨

极端头形状与电弧稳定性的关系见表3-10。

常用钨极端头形状与电弧稳定性的关系   表3-10

钨极端头形状	钨极种类	电流极性	适用范围	燃弧情况
90°	铈钨或钍钨	直流正接	大电流	稳定
30°	铈钨或钍钨	直流正接	小电流用于窄间隙及薄板焊接	稳定
D d	纯钨极	交流	铝、镁及其合金焊接	稳定
	铈钨或钍钨	直流正接	直径小于1mm 的细钨丝电极连续焊	良好

第五节 钎料和钎剂

1. 钎料

（1）钎料的分类

焊接用钎料的种类丰富，按不同的分类标准可将钎料分为不同的类别，见表3-11。

钎料的分类　　　　　　　　　　　表 3-11

分类标准	类别与内容
按照钎料的熔化温度范围分类	1）熔点低于 450℃的钎料称为软钎料（俗称易熔钎料），如镓基、铟基、锡基、铅基、锌基等合金； 2）熔点高于 450℃的钎料称为硬钎料（俗称难熔钎料），如铝基、镁基、铜基、银基、锰基、金基、镍基等合金
按照钎料的主要合金元素分类	钎料按其主要合金元素可分为锡基、铅基等材料
按照钎料的钎焊工艺性能分类	钎料按其钎焊工艺性能可分为自钎性钎料、电真空钎料、复合钎料等
按照纤料的制成形状分类	钎料按其制成形状可分为丝、棒、片、箔、粉状或特殊形状钎料，如环形钎料或膏状钎料等

（2）对钎料的基本要求

1）有合适的熔化温度范围，熔化温度应低于母材熔化温度。

2）在钎焊温度下，对母材有良好的润湿性，能充分填充接头间隙。

3）与母材的化学物理作用能保证它们之间形成牢固的结合，满足钎焊接头的物理、化学、机械性能要求。

4）化学成分稳定，钎焊温度下，元素烧损较少。

5）尽可能减少稀有金属和贵重金属的含量，以降低成本。

（3）钎料的选用

1）根据钎焊接头的使用要求选择钎料。对于钎焊接头强度要求不高，或工作温度不高的接头，可采用软钎焊。对于高温强度、抗氧化性要求较高的接头，应采用镍基钎料。

2）根据钎料与母材的相互作用选择钎料，避免钎料与母材间的化学作用。

3）根据钎焊方法及加热温度选择钎料。

①对于真空钎应选择不含高蒸气压元素的钎料。

②对于烙铁钎焊应选择熔点较低的软钎料。

③对于电阻钎焊应选择电阻率高一些的钎料。

4）根据焊件的性质选择钎料。对于已经调质处理的焊件，应选择加热温度低的钎料，以免使焊件退火。对于冷作硬化的铜材，应选用钎焊温度低于

300℃的钎料，以防止母材钎焊后发生软化。

5）根据经济性选择钎料。在满足使用要求及钎焊技术要求的条件下，选用价格便宜的钎料。

2. 钎剂

（1）钎剂的分类

1）软钎剂。软钎剂是在450℃以下进行钎焊用的钎剂，分为腐蚀性软钎剂和非腐蚀性软钎剂两类。

①腐蚀性软钎剂：腐蚀性软钎剂具有化学活性强、热稳定性好等特点，常用于黑色金属及有色金属的钎焊，最常用的腐蚀性软钎剂为氯化锌水溶液。

②非腐蚀性软钎剂：非腐蚀性软钎剂化学活性比较弱，对母材几乎无腐蚀作用，松香、胺、有机卤化物等都属于非腐蚀性软钎剂。

2）硬钎剂。硬钎剂是在450℃以上进行钎焊用的钎剂。

3）铝合金用钎剂。

①铝用软钎剂：根据铝用软钎剂去除氧化膜方式的不同可将其分为有机钎剂和反应钎剂两种。

a. 有机钎剂。主要组成为三乙醇胺，为提高活性可加入氟硼酸或氟硼酸盐。使用有机钎剂的钎焊温度不超过275℃,钎焊热源也不准直接与钎剂接触。有机钎剂的活性小，钎料不易流入接头间隙，有机钎剂的残渣腐蚀性低。

b. 反应钎剂。主要组成为锌、锡等重金属的氯化物，加热时在铝表面析出锌、锡等金属，大大提高了钎料的润湿能力。反应钎剂一般制成粉末状，也可采用不与氯化物反应的乙醇、甲醇、凡士林等调成糊状使用。反应钎剂具有吸潮性，钎剂吸潮后形成氯氧化物而丧失活性。

②铝用硬钎剂：铝用硬钎剂的主要组成是碱金属及碱金属的氯化物，加入氟化物可以去除铝表面的氧化物。在火焰钎焊及某些炉中钎焊时，为了进一步提高钎剂的活性，除加入氟化物外，还可加入重金属的氯化物。

4）气体钎剂。气体钎剂是炉中钎焊及气体火焰钎焊过程中起钎剂作用的气体，其优点是钎焊后无固体残渣，焊件也不需要清洗。但用作气体钎剂的化合物汽化后均有毒性,使用时必须采取相应的安全措施。

炉中钎焊最常用的气体钎剂是三氟化硼,气体火焰钎焊可采用含硼的有机化合物的蒸气作为钎剂。

（2）钎剂的作用与要求

1）钎剂的作用。钎剂是钎焊时使用的熔剂,它的作用是清除钎料和母材表面的氧化物,并保护焊件和液态钎料在钎焊过程中免于氧化,改善液态钎料对焊件的润湿性。

2）钎剂的要求。

①钎剂的熔点及最低活性温度应低于钎料的熔点。

②钎剂及其残渣对钎料和母材的腐蚀性要小。

③钎剂的挥发物应当无毒性。

④钎剂原料供应充足、经济性合理。

⑤钎剂应具有足够的去除母材及钎料表面氧化物的能力。

⑥钎剂在钎焊温度下具有足够的润湿特性。

⑦钎剂中各成分的气化（蒸发）温度应比钎焊温度高,以避免钎剂挥发而丧失作用。

⑧钎剂及清除氧化物后的生成物,其密度均应尽量小,以利于浮在表面,不在钎缝中形成夹渣。

⑨钎焊后,残留钎剂及钎焊残渣应当容易清除。

第六节 金属材料

1. 金属材料的力学性能

金属材料的力学性能是指金属在力作用下所显示与弹性和非弹性反应相关或涉及应力－应变关系的性能。简单地说,金属材料力学性能就是指金属材料在外力作用时表现出来的性能，它是反映金属材料抵抗各种损伤作用能力的大小，是衡量金属材料使用性能的重要指标。

金属材料的力学性能指标主要包括强度、塑性、韧性和硬度等。

（1）强度

金属材料的强度是指金属材料抵抗永久变形和断裂的能力。材料的强度越高，材料抵抗永久变形（及塑性变形）和断裂的能力越强。

常用的强度值是在专门的试验机上采用拉伸试验得到的，强度用单位截面上所受的力（称为应力）来表示，单位是 MPa 或 N/mm^2。

1）屈服强度：当金属材料呈现屈服现象时，在试验期间达到塑性变形发生而力不增加的应力点。

材料的屈服强度越高，说明材料抵抗塑性变形的能力越强，允许的工作应力也越高。因此屈服强度是评定金属材料质量的重要指标，是机械设计计算时的重要依据之一。

2）抗拉强度：相应最大力（F_m）对应的应力。最大力（F_m）就是指在拉伸试验时，试样在屈服阶段之后所能抵抗的最大力。对于无明显屈服的金属材料，为试验期间的最大力。通俗地说，抗拉强度就是试样在拉断前所承受的最大拉应力。标准对抗拉强度的符号规定为 Rm。

抗拉强度值越大，金属材料抵抗断裂的能力越大，所以它也是评定金属材料质量的重要指标。金属材料在使用中所承受的工作应力不能超过材料的抗拉强度，否则会产生断裂，甚至造成严重事故。

（2）塑性

钢材的塑性一般指应力超过屈服点后，具有显著的塑性变形而不断裂的性质。材料的塑性越好，表示材料产生不可逆永久变形的能力越强。衡量钢材塑性变形能力的主要指标是伸长率 δ 和断面收缩率 φ。材料的延伸率和断面收缩率越大，材料的塑性越好。

（3）韧性

金属在断裂前吸收变形能量的能力。金属的韧性通常随加载速度提高、温度降低、应力集中程度加剧而减少。

材料的韧性通常用冲击韧度来衡量，冲击韧度是冲击试样缺口底部单位横截面积上的冲击吸收功，因此也可以说冲击韧度是衡量金属材料抵抗动载荷或冲击力的能力。

材料的冲击韧度值越大，说明材料的韧性越好，在受到冲击时越不容易断裂。

（4）硬度

硬度是指材料抵抗局部变形，特别是塑性变形、压痕或划痕的能力，是衡量金属软硬的判据。

2. 金属材料的工艺性能

金属材料的工艺性能是指材料承受各种冷热加工的能力，如切削性、铸造性能、压力性能、焊接性能等，下面主要介绍金属的焊接性能。

（1）焊接性的定义

材料的焊接性是指材料在限定的施工条件下，焊接成按规定设计要求的构件，并满足预定服役要求的能力。通俗地说，焊接性就是指金属材料在一定的焊接工艺条件下，焊接成符合设计要求、满足使用要求的构件的难易程度。因此，焊接性一般包括工艺焊接性和使用焊接性，工艺焊接性主要指焊接接头出现各种缺陷的可能性；使用焊接性主要是指焊接构件在使用中的可靠性。

焊接性受材料、焊接方法、构件类型及使用要求四个因素的影响，其中材料的种类及其化学成分是主要的影响因素。

（2）常用的焊接性评定方法——碳当量法

评定钢的焊接性的方法有很多，直接的方法就是进行焊接性试验。目前对碳钢和低合金结构钢应用最广泛，使用最简单、最方便的方法是碳当量法。

钢的碳当量就是把钢中包括碳在内的对淬硬、冷裂纹及脆化等有影响的合金元素含量换算成碳的相当含量。通过对钢的碳当量和冷裂敏感指数的估算，可以初步衡量低合金高强度钢冷裂敏感性的高低，这对焊接工艺条件如预热、焊后热处理、线能量等的确定具有重要的指导作用。

第七节 焊接材料的保管

1. 焊接材料的验收

1）焊接材料的质量必须符合国家及有关标准。

2）焊接材料入库前首先由仓库管理员验证以下有关资料是否齐全，否则不得入库。其资料应妥善保存备查。

①焊接材料的质保单合格证。

②焊接材料的牌号、标记。

③焊接材料的批号、规格、数量。

3）材料管理员负责焊接材料的外观检查和复验，不合格品不得入库。

2. 焊接材料的保管

焊接材料的保管主要是防止焊丝和焊条钢芯锈蚀，防止焊条药皮受潮、变质，甚至于脱落，影响正常使用。正常保管的焊条、熔嘴、焊剂和药芯焊丝使用前的烘干是焊接质量管理中的一个重要环节。

1）各使用单位应设专用焊材库，焊条、焊丝、焊剂和熔嘴应储存在干燥、通风良好的地方，由专人保管。

2）焊材库内应设置温度计、除湿机，室内温度应不低于 5℃，相对湿度不大于 60%，并且通风良好。

3）库房内应设专用烘干箱和恒温箱。

4）库房内应悬挂醒目的烘焙规范，管理人员应严格按规范执行。

5）焊材管理人员要按类别、牌号、规格、批号进行，建账、建卡做好标志，并做到账、卡、物相符。

6）焊接材料不得就地堆放，应离地大于 200mm，离墙大于 300mm。

7）焊条的保管要特别注意环境湿度。空气中相对湿度和温度越高，水蒸气分压也就越高，药皮越容易吸湿。一般建议空气中的相对湿度低于 60%，并离开地面和墙壁一定的距离（约 20cm）。温度以 10℃～25℃为宜。

8）低氢型焊条烘干温度应为 350℃～380℃，保温时间应为 1.5h～2h，烘干后应缓冷放置于 110℃～120℃的保温箱中存放、待用；使用时应置于保温筒中；烘干后的低氢型焊条在大气中放置时间如超过 4h 应重新烘干；焊条重复烘干次数不宜超过两次；受潮的焊条不应使用。

9）焊条、熔嘴、焊剂和药芯焊丝在使用前，必须按产品说明书及有关工艺文件的规定进行烘干。

10）焊条、焊剂烘干装置及保温装置的加热、测温、控温性能应符合使用要求。

11）分清焊条型号（牌号）、规格，不能错用。

12）在焊条运输、堆放过程中应注意不要损伤药皮，堆放不要太高。对药皮强度较差的焊条更应当心。

3. 焊接材料的有效期限

焊接材料的有效期限自生产日期算起，按下列方法确定：

1）焊材质量证明书或说明书推荐的期限。

2）酸性焊材及防潮包装密封良好的低氢型焊材为两年。

3）石墨型焊材及其他焊材为一年。

超过以上规定的有效期限的焊条、焊剂及药芯焊丝，应按规定复验合格后才能发放使用。

4. 焊接材料的发放

1）焊材管理人员应根据焊接技术人员或工艺员签发的焊接材料发放单发放。

2）焊材发放单应注明牌号、规格、数量、施焊部位等。

3）焊材管理人员应做好焊材发放记录台账，做到追踪无误。

4）焊材管理人员对每次退库的焊接材料应做好记录。

5）焊材库应实行回收焊条头制度。

5. 焊接材料管理常用表格

焊接材料管理常用表格，包括焊接材料进货验收记录、焊接材料出入库登记台账、焊材库温湿度记录、焊接材料烘烤发放通知单、焊接材料烘烤记录单、焊接材料发放、回收记录单等。

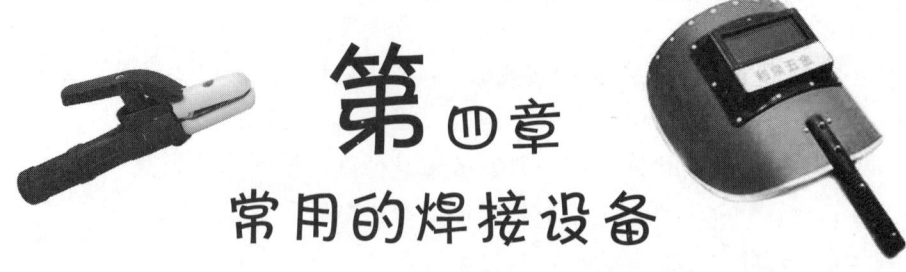

第四章
常用的焊接设备

第一节 焊接设备的选用

1. 技术要求

　　被焊结构的技术要求，包括被焊结构的材料特性、结构特点、尺寸、精度要求和结构的使用条件等。如果焊接结构材料为普通低碳钢，选用弧焊变压器即可；如果焊接结构要求较高，并且要求用低氢型焊条焊接，则要选用直流弧焊机；如果是厚大件焊接，则可选用电渣焊机；棒材对接，可选用冷压焊机和电阻对焊机。对活性金属或合金、耐热合金和耐腐蚀合金，根据具体情况，可选用惰性气体保护焊机、等离子弧焊机、电子束焊机等；对于批量大、结构形式和尺寸固定的被焊结构，可以选用专用焊机。

2. 使用情况

　　不同的焊接设备，可以焊接同一焊件，这就要根据实际使用情况，选择较为合适的焊接设备。如在野外焊接中缺乏电源和气源，只能选择柴（汽）

油直流弧焊发电机等弧焊发电机作为焊接设备。对焊后不允许再加工或热处理的精密焊件，应选用能量集中、不需添加填充金属、热影响区小、精度高的电子束焊机。

---

3. 经济效益

焊接时，焊接设备的能源消耗是相当可观的，因此在选用焊接设备时，应考虑在满足工艺要求的前提下，尽可能选用耗电少、功率因数高的设备。

第二节 弧焊电源

---

1. 种类

按焊接电流的种类不同，手工焊条电弧焊的焊接电源可分为交流弧焊电源、直流弧焊电源和逆变弧焊电源等。

（1）交流弧焊电源

交流弧焊电源实质上是一个降压变压器，也称为弧焊变压器。其电路接线图如图 4-1 所示。它与普通电力变压器不同之处在于：为了保证电弧引燃并能稳定燃烧和得到陡降的电源外特性，弧焊变压器必须具有较大的漏抗，而普通变压器的漏抗很小，在结构上，弧焊变压

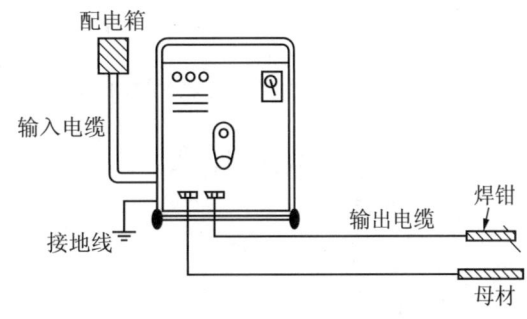

图 4-1　交流弧焊电源接线图

器是在电力变压器基础上增加一个电抗器。根据电抗器与变压器结合方式和电抗器本身的结构特点，以及获得下降外特性的方法，弧焊变压器分为同体式弧焊变压器、动铁心式弧焊变压器、动圈式弧焊变压器和抽头式弧焊变压器等类型。

（2）直流弧焊电源

直流弧焊电源分为两大类：一类是弧焊发电机，另一类是弧焊整流器，其接线图如图 4-2 所示。

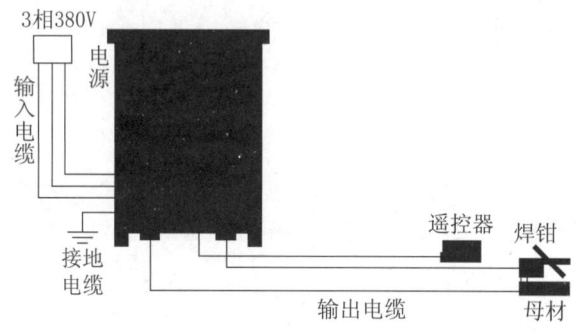

图 4-2   直流弧焊电源接线图

（3）逆变弧焊电源

逆变弧焊电源，又称为弧焊逆变器，是将工频交流电逆变为直流电。与传统弧焊电源比较，其主要特点是重量轻、体积小，高效节能，具有良好的动力特性和焊接工艺性能等。

2. 焊接电源安全使用原则

1）焊机一次线（动力线）要有足够截面积，最大允许电流等于或稍大于电焊机初级额定电流，其长度不宜超过 2～3m。

2）电焊机必须绝缘良好，使用前除去灰尘并检查其绝缘电阻。

3）电焊机外露的带电部分应设有完好的防护（隔离）装置。电焊机裸露接线柱必须设有防护罩，以防人员或金属物体与之相接触。

4）电焊机平稳地安放在通风良好、干燥的地方，焊机的工作环境应与技术说明上规定相符。

5）防止电焊机受到碰撞或剧烈震动。室外使用的电焊机必须有防雨雪的防护措施。

6）电焊机必须有独立专用的电源开关，其容量应符合要求。禁止多台电焊机共用一个电源开关。电源控制装置应装在电焊机附近便于操作的地方，周围应留有安全通道。当焊机超负荷运行时，应能自动切断电源。

7）室外作业的电焊机，临时动力线应沿墙或立柱用瓷瓶隔离布设，其高度必须距地面2.5m以上，不允许将电源线拖在地面上，焊接工作完毕后应立即拆除。

8）禁止电焊机上放置任何物件和工具。

9）启动电焊机时，焊钳与焊件不能短路；暂停工作时，也不得将焊钳直接搁在焊件或焊机上。

10）工作完毕或临时离开现场时，必须切断焊接电源。

11）焊机的安装、修理及检查应由电工负责进行。

12）作业现场有腐蚀性、导电气体或飞扬粉尘，必须对电焊机进行隔离防护。

13）使用电焊机时，注意避免因飞溅或漏电引起的火花造成火灾事故。

14）电焊机必须定期进行检查。

第三节 电焊机型号

电焊机是将电能转换为焊接能量的焊接设备。根据《电焊机型号编制方法》GB/T 10249—2010，电焊机型号的表示方法为：

1）产品型号由汉语拼音字母及阿拉伯数字组成。

2）产品型号的编排秩序如图4-3所示。

①型号中2、4各项用阿拉伯数字表示。

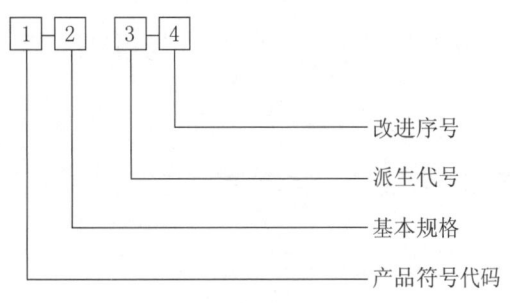

图4-3 产品型号的编排秩序

②型号中3项用汉语拼音字母表示。

③型号中3、4项如不用时，可空缺。

④改进序号按产品改进程序用阿拉伯数字连续编号。

3）产品符号代码的编制原则

①产品符号代码的编排秩序如图4-4所示。

②产品符号代码中1、2、3各项用汉语拼音字母表示。

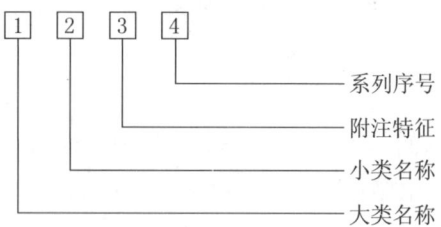

图4-4　产品符号代码的编排秩序

③产品符号代码中4项用阿拉伯数字表示。

④附注特征和系列序号用于区别同小类的各系列和品种，包括通用和专用产品。

⑤产品符号代码中3、4项如不需表示时，可以只用1、2项。

⑥可同时兼作几大类焊机使用时，其大类名称的代表字母按主要用途选取。

⑦如果产品符号代码的1、2、3项的汉语拼音字母表示的内容，不能完整表达该焊机的功能或有可能存在不合理的表述时，产品的符号代码可以由该产品的产品标准规定。

第四节　电弧焊机

电弧焊机按焊接方法可分为焊条弧焊机、埋弧焊机和气体保护焊机，按电极种类可分成熔化极和非熔化极两大类，按操作方法可以分为手工电弧焊、半自动焊和自动焊，按弧焊电源可分为交流弧焊机、直流弧焊机、脉冲弧焊机和逆变弧焊机。

1. 手工弧焊机

手工电弧焊的焊机是一台额定电流500A以下，具有下降外特性的弧焊电源。手工弧焊机可分为三大类：弧焊变压器、弧焊整流器、逆变整流器。三类手工弧焊机的比较见表4-1。

三类手工弧焊机的比较 表4-1

项目	弧焊变压器	弧焊整流器	逆变整流器
电弧定性	差	较小	好
电网电压波动影响	较小	较大	小
功率因数	低（0.3～0.6）	较高（0.6～0.7）	高（0.9～0.95）
空载损耗（kW）	大（0.2）	大（0.1～0.35）	极小（0.01以下）
效率（%）	低（30～60）	较高（50～75）	高（80～90）
噪声	较大	较小	极小
成本	低	较高	较高
重量	重	较重	极轻，是变压器的1/10

表4-1中，交流弧焊机虽成本较低，但仅限于酸性焊条和交流钨极氩弧焊等使用，并且无极性之分，电弧稳定性差，焊接质量不高。因此，在工业生产中应用正在减少。

2. 埋弧自动焊机

埋弧自动焊机可分为等速送丝和变速送丝两种，由弧焊电源、控制箱、送丝机构、行车机构和焊剂回收装置等组成。等速送丝自动埋弧焊机采用电弧自身调节系统；变速送丝自动埋弧焊机采用电弧电压自动调节系统。

自动埋弧焊机可根据工作需要，做成不同形式，如焊车式、悬挂式、门架式和机床式等多种。

第五节 钨极氩弧焊设备

　　钨极氩弧焊设备按操作形式分为手工和自动钨极氩弧焊设备。手工钨极氩弧焊设备结构简单，维修方便，适用于各种复杂位置的焊接；自动钨极氩弧焊设备结构较复杂，但其生产率高，焊口质量优良，适用于大型企业生产车间使用。

　　钨极氩弧焊设备按输出电源类型可分为直流钨极氩弧焊和交流钨极氩弧焊。钨极氩弧焊时，由于电弧的阳极温度比阴极温度高，如果采用直流反接，则钨极很快就被氧化，以致烧损严重，电弧不稳，因而许用电流很小，所以一般情况下不用直流反接，而用直流正接。直流钨极氩弧焊可以焊接除铝、镁及其合金材料外的金属材料。采用交流钨极氩弧焊时，因采用交流电源，利用阴极破坏作用，在焊接铝、镁及其合金时，可以不用熔剂，而是靠电弧来去除氧化膜，形成良好的焊缝。

　　按电极的熔化情况可分为熔化极和非熔化极氩弧焊。

　　按焊枪冷却方式可以分为水冷式直流氩弧焊机和利用空气冷却的简易钨极氩弧焊机。

1. 水冷直流钨极氩弧焊设备

　　水冷直流钨极氩弧焊接系统如图4-5所示。

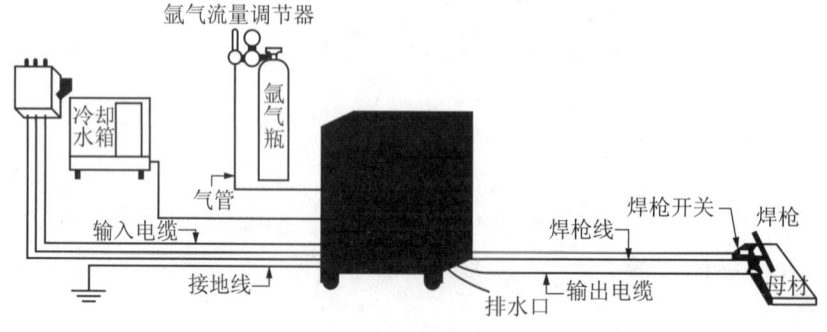

图4-5　水冷直流钨极氩弧焊接系统

2. 手工钨极氩弧焊机

手工钨极氩弧焊机采用 IGBT 功率模块、微晶态合金磁芯和快恢复功率二极管等，作为功率变换及传递的关键器件，电源的动态品质得以大幅度提高，改善了电弧动特性，提高了焊接质量。常用的焊机有 ZX7-400。

第六节 焊接电缆和焊钳的安全技术

1. 焊接电缆安全技术

焊接电缆使用时应注意长度要适当、截面积合理、接头尽量少及维护检修等方面。

1）焊接电缆应具有良好的导电能力和绝缘外层，一般焊接铜芯（多股细线）线外包胶皮绝缘套制成，绝缘电阻不小于 1MΩ。

2）轻便柔软，能任意弯曲和扭转便于操作。

3）焊接电缆应具有良好的机械损伤能力，耐油、耐热和耐腐蚀的性能。

4）焊接电缆的长度应根据具体情况来决定，太长电压增加大，太短对工作不方便，一般电缆长度取 20m ～ 30m。

5）要有适当截面积，焊接电缆的截面积应该根据焊接电流的大小，按规定选用，以便保证导线不致过热而烧毁绝缘层。

6）焊接电缆应用整根的，中间不应有接头，如需用短线接长时，则接头不应超过两个，接头用铜做成，要坚固可靠绝缘良好。

7）严禁利用厂内的金属构造、管道或其他金属搭接起来作为导线使用。

8）不得将焊接电缆放在电炉附近或炽热的焊缝金属旁，以避免烧坏绝缘层，同时也要避免碾压磨损。

9）焊接电缆与焊机的接线，必须采用铜或铅线鼻子，以避免二次端子板烧坏造成火灾。

10）焊接电缆的绝缘情况应每半年进行一次检查。

11）焊机与配电盘连接的电源线，因电压高，除保证良好的绝缘外，其长度不应超过3m，如确需较长的导线时，应采取间隔的安全措施，即应离地面2.5m以上沿墙用瓷瓶铺设，严禁电源线沿地铺设，更不要落入泥水中。

2. 焊钳（焊枪）安全技术

1）手弧焊焊钳的重量不得超过600g，要采用国家定型产品。

2）有良好的绝缘性能和隔热能力。手柄要有良好的绝热层，以防发热烫手。气体保护焊的焊枪头应用隔热材料包裹保护。焊钳由夹条处至握柄连接处止，间距为150mm。

3）焊钳和焊枪与电缆的连接必须简便牢靠，连接处不得外露，以防触电。

4）等离子焊枪应保证水冷却系统密封，不漏气、不漏水。

5）手弧焊焊钳应保证在任何倾斜下都能夹紧焊条，更换方便。

第五章
手工电弧焊

第一节 手工电弧焊基本知识

1. 焊接接头形式及焊缝形式

（1）焊接接头形式

焊接接头适用焊接方法连接的接头，简称接头（图5-1）。焊接接头包括焊缝、熔合区和热影响区。

图 5-1 焊接接头

1—焊缝金属；2—熔合区；3—热影响区

根据国家标准规定，手弧焊焊接接头的基本形式可分为对接接头、T形接头、角接接头、搭接接头四种（图5-2），详见表5-1。

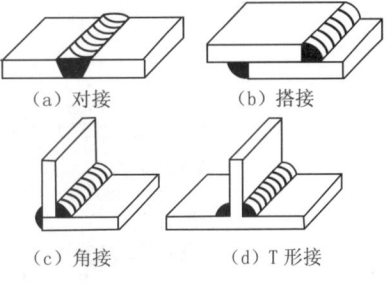

（a）对接　　　　（b）搭接

（c）角接　　　　（d）T形接

图 5-2 焊接接头种类

焊接接头的种类 表 5-1

种类	图示及说明
对接接头	对接接头是在同一平面上，两板件相对端面焊接而形成的接头。 手弧焊时，当焊件厚度在6mm以下时，一般不开坡口，只留1mm～2mm的接缝间隙；  焊接厚度超过6mm时要开坡口，坡口是根据设计和工艺要求，将焊件的待焊部位加工成一定的几何形状，经装配后形成的沟槽。沿焊件厚度的方向，未开坡口的断面部分叫钝边。  1）坡口形式很多，常见的有单边V形坡口，适用于6mm～26mm厚的焊件； 2）V形坡口适用于3mm～26mm厚的焊件； 3）U形坡口适用于20mm～60mm厚的焊件；    4）双U形坡口适用于40mm～60mm厚的焊件； 5）X形坡口适用于12mm～60mm厚的焊件； 6）K形坡口，适用于12mm～40mm厚的焊件。   

种类	图示及说明
T 形接头	T 形接头是两个焊件相交构成直角或近似直角的接头，作为一般连接焊缝，焊件厚度在 2mm ～ 30mm 时，可以不开坡口。
角接接头	角接接头是两板件端面构成直角的接头。 常见的角接接头的形式有： 1）不开坡口的主要有两种，一种适用于 2mm ～ 8mm 厚的焊件，另一种适用于 4mm ～ 30mm 厚的焊件； 2）开单边 V 形坡口，适用于 6mm ～ 30mm 厚的焊件； 3）开双边 V 形坡口，适用于 12mm ～ 30mm 厚的焊件； 4）开 K 形坡口，适用于 20mm ～ 40mm 厚的焊件。

50±5°

60±5°

50±5° 50±5°

续表

种类	图示及说明
搭接接头	搭接接头是两个焊件部分重叠在一起，进行焊接所形成的接头，搭接接头一般不开坡口，为保证接头强度，重叠部分不小于两焊件厚度和的两倍。 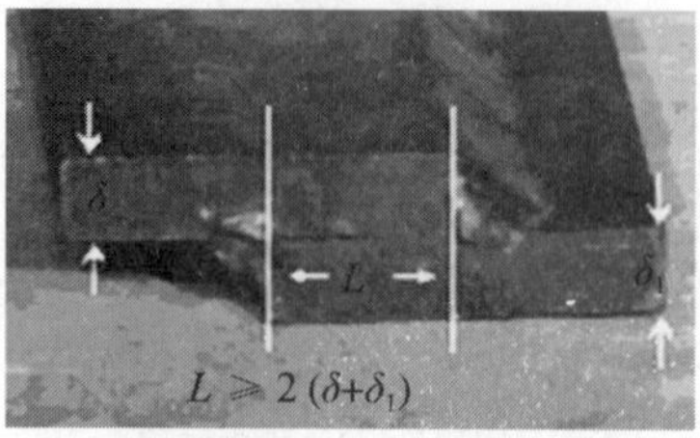  $L \geqslant 2(\delta + \delta_1)$ 手工焊除了能焊上述接头外，还可焊其他很多接头形式，如十字接头、套管接头等等。

（2）焊缝形式

手弧焊可以焊各种控件的焊缝，根据操作的位置分为平焊、横焊、立焊、仰焊四种，详见表5-2。

焊缝形式　　　　　　　　　　　表 5-2

种类	图示及说明
平焊	平焊时焊缝倾角 0°～5°，焊缝转角 0°～10° 的焊接位置。 
横焊	1）横焊时焊缝倾角 0°～5°，焊缝转角 70°～90° 的焊接位置。 

续表

种类	图示及说明
横焊	2）角横焊时焊缝倾角 0°～5°，焊缝转角 30°～55° 的焊接位置。 
立焊	立焊时焊缝倾角 80°～90°，焊缝转角 0°～180° 的焊接位置。 
仰焊	当进行对接焊缝时焊缝倾角 0°～15°，焊缝转角 165°～180° 的焊接位置。 当进行角焊缝仰焊时焊缝倾角 0°～15°，焊缝转角 115°～180° 的焊接位置。

- -

2. 焊条

- -

焊条是涂有药皮，供手弧焊用的熔化电极，见表 5-3。

焊条　　　　　　　　　　　　　　　　表 5-3

项目	图示及说明
焊条的组成和作用	焊条由焊芯和药皮两部分组成。 国家标准规定了焊芯的牌号和焊芯的规格，其中是指焊芯的直径和长度。 药皮是压涂在焊芯表面的涂料层，它在焊接的过程中，起着极为重要的作用。焊条药皮的组成成分相当复杂，一种焊条药皮的配方中，有七八种物质。有起稳定电弧作用的，有起保护熔池、焊缝、提高焊缝性能作用的，有起改善焊接工艺性能作用的。 根据焊条药皮组成不同，药皮分为不同类型，主要有钛钙矿型、钛钙型、铁粉钛钙型、高纤维素钠型、高纤维素钾型、高钛钠型、高钛钾型、铁粉钛型、氧化铁型。

续表

项目	图示及说明
焊条的使用	使用的焊条应有产品合格证，凡无合格证或对其质量怀疑时，应按批次抽样检查，合格者方可使用。 　　发现焊条有锈，须经检验合格后才能使用；受潮严重的焊条，药皮又脱落，应报废。 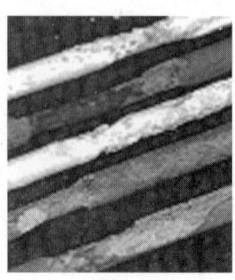 　　焊条在使用前，应按说明书规定烘干。酸性焊条，根据受潮情况，在75°～150°烘干1～2个小时；碱性焊条，应在350°～400°烘干1～2个小时。  　　1）低氢型焊条，一般在常温下放置4小时以上，应重新烘干。重复烘干次数，不宜超过三次。 　　2）烘干焊条时，禁止将焊条突然放置高温炉中，或从高温炉中突然取出冷却，否则会产生药皮开裂、脱皮现象。 　　3）烘干焊条时，应分层铺开，每层不得堆放太厚，防止焊条受热不均和潮气不宜排出。 　　4）烘干后的焊条，应放在保温桶内，随用随取。 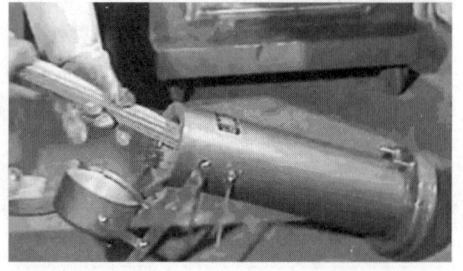

续表

项目	图示及说明
焊条的使用	5）已过夜的碱性焊条，次日应重新烘干后才能使用；对存放一年以上的焊条，应进行工艺性能试验。焊条工艺性能包括： ①焊接电弧的稳定性； ②焊条药皮是否发红； ③焊条发沉量； ④脱渣性； ⑤焊缝形成要求表面光滑、波纹细腻、美观。

3. 手工电弧焊用的工具、夹具及辅助用具

手工电弧焊用的工具、夹具及辅助用具，详见表5-4。

手工电弧焊用的工具、夹具及辅助用具　　　　表5-4

种类	图示及说明
焊钳	焊钳起夹持焊条和传导焊接电流的作用。 对焊钳的基本要求： 1）在任何角度上都能迅速牢固和夹持不同直径的焊条； 2）夹持的地方导电要好； 3）手柄要有良好的绝缘和隔热； 4）重量要轻，装换焊条要方便。 焊钳有300A和500A两种规格，常用的型号是G352，它能安全通过300A的电流，适用于2mm～5mm直径的焊条。 焊钳的外壳均用胶木粉压制的绝缘罩壳保护，上下钳口的罩壳，用绝缘耐热的纤维塑料压制而成。焊钳依靠弹簧的压力，夹住焊条。 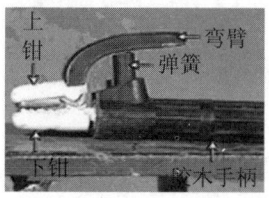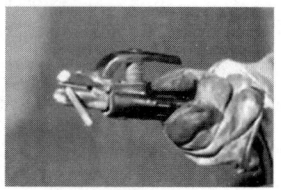

续表

种类	图示及说明
焊接电缆	焊接电缆的作用是传导焊接电流，进行引弧和焊接。 对焊接电缆的基本要求是： 1）用多股紫铜软线制成，要具有足够的导电截面积； 2）容易弯曲、柔软性要好、便于操作、能减轻焊工的劳动强度； 3）绝缘好，以免发生短路，损坏焊机。 焊接电缆的截面积应根据焊接电流来选择，焊接电缆的长度应根据工作时的情况具体选定。常用的电缆的长度不超过 20m。  
辅助工具	常用辅助工具有敲渣锤，用于清除焊渣；钢丝刷，清除焊件表面的铁锈、油污；錾子，清除焊渣、飞溅焊瘤用的。 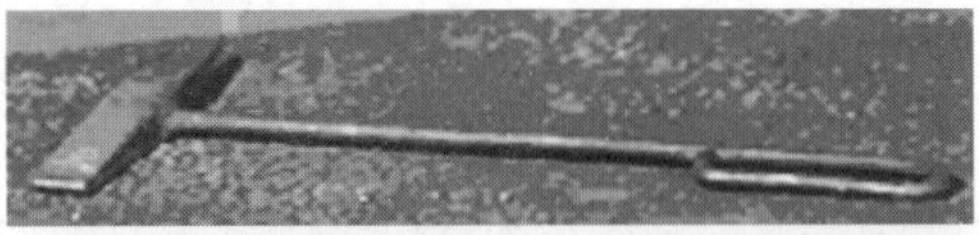 
装配夹具	为了保证焊件尺寸、提高装配效率，防止焊接变形而采用的夹具。 1）夹紧工具 用具紧固装配零件，对齐焊件边缘，楔口夹板、螺旋弓形夹、带拉板的楔条紧夹。   2）压紧工具 用于在装配时，压紧焊件，杠杆压紧工具、带压板的紧固螺栓、带楔条的压紧夹板。

种类	图示及说明
装配夹具	   在使用时，夹具的一部分要点焊在被装配的焊件上，焊接后再除去。 3）拉紧工具 用于将装配零件的边缘拉到规定的尺寸，多用于大型、圆筒形构件的装配。  螺旋拉紧工具如下所示：     4）撑具 适用于扩大或撑紧装配件的一种工具，一般是用螺钉或正反螺钉构成（螺旋拉撑、螺旋撑具）。

4. 手工电弧焊安全生产和劳动保护

（1）手工电弧焊时的不安全因素

在手工电弧焊操作过程之中，有下列不安全因素：

1）触电：焊工操作时要接触带电物体，如焊钳、焊件、开关等，更换焊条时，焊工要直接接触电极，在容器、管道或金属构件中焊接时，四周都是导体，焊工触电危险极大。

2）弧光伤害：焊接过程中的弧光由紫外线、红外线和可见光组成，属于热线谱，属于电磁辐射范畴。

光辐射是能量的传播方式，波长与能量成反比关系。光辐射作用到人体上，被体内组织吸收，引起组织的热作用、光化学作用或电离作用，致使人体组织发生急性或慢性损伤。

①红外线。眼睛受到强红外线的辐射，会有灼痛感，时间过长会引起水晶体内障眼睛（白内障），严重的会失眠。

②紫外线。焊接电弧产生的强烈的紫外线对人体是有害的，即使短时间照射，也会引起眼睛畏光、流泪、剧痛等症状，重者可导致电光性眼炎。紫外线还能烧伤皮肤，有烧灼感、红肿、发痒、脱皮。

③可见光线。焊接电弧可见光的光度，比眼睛正常承受的光度大一万倍左右。受到强可见光的照射，会使眼睛发花、疼痛，通常称为"晃眼"，长期照射会导致视力减弱。

光辐射防护主要是保护焊工眼睛和皮肤不受伤害。焊工从事明弧焊接时，必须使用镶有特制护目镜片的面罩或头盔，护目镜片有吸收式、反射式和液晶显示式，根据颜色深浅分几种牌号，应按焊接电流强度选用。

3）焊接烟尘：在温度高达 3000℃～6000℃的电气焊过程中，焊接原材料中金属元素的蒸发气体，在空气中迅速氧化、冷凝，从而形成金属及其化合物的微粒。直径小于 0.1μm 的微粒称之为烟，直径在 0.1μm～10μm 的微粒称为尘。这些烟和粉尘的微粒飘浮在空气中使形成了烟尘。

电焊烟尘的化学成分取决于焊接材料和母材成分及其蒸发的难易程度。熔点和沸点低的成分蒸发量较大. 是熔化金属的蒸发式焊接烟尘的重要来源。低氢型焊条焊接时，还会产生有毒的可溶性氟。低氢型焊条发尘量约为酸性焊条的两倍。

在防护不力、措施不良的环境下，焊工长期接触烟尘，则有可能导致焊工尘肺、焊工锰中毒、焊工氟中毒和焊工金属热等病症。

4）有毒气体：电气焊时，特别是电弧焊，焊接区的周围空间由于电弧高温和强烈紫外线的作用，形成多种有毒气体，主要有臭氧、氮氧化合物、一氧化碳和氟化氢等。各种有毒气体被吸入体内，会影响身体健康。

5）烫伤

熔化金属的飞溅、炽热的焊条头和焊件，不注意会造成烫伤；清渣时，由于碎渣飞溅会刺伤或烫伤人的眼睛。

（2）预防措施

手工电弧焊安全操作预防措施，详见表5-5。

手工电弧焊安全操作预防措施　　　　　表 5-5

项目	图示及说明
预防触电	预防漏电的措施主要有： 1）严格按照操作规程进行操作； 2）焊接时应正确穿戴好防护用具； 3）将焊接设备的外壳可靠接地，当外壳漏电时，由于接地电阻很小，电流绝大部分不经过人体，而是与接地线构成回路，因此可防止人体触电； 4）选用合格的电线或电缆，并加强安全生产检查； 5）焊钳、焊接电缆要有可靠的绝缘，不要将电缆放在焊接电弧附近或炽热的焊件上，防止烧坏绝缘层；  6）推拉闸刀开关时，必须带焊工手套，面部不要直对闸刀开关，防止推拉闸刀开关时发生电弧火花，灼伤面部； 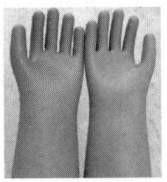

续表

项目	图示及说明
预防触电	7）更换焊条时，要戴好手套，避免身体与焊件接触； 8）焊钳应有可靠的绝缘，停止工作时，焊钳要放置在安全的地方，防止短路，烧坏焊机； 9）身体出汗、衣服潮湿时，不要靠在带电的焊件上； 10）在潮湿的地方工作时，应用干燥的木板或橡胶板等绝缘物垫上； 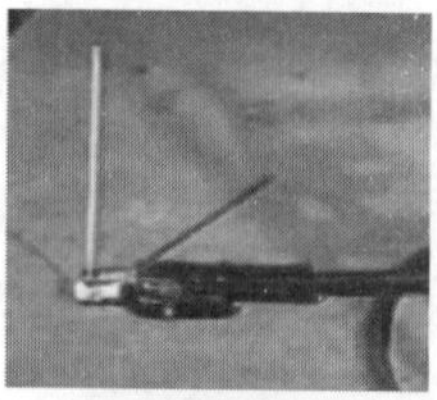   11）在容器、船舱，或其他狭小工作空间焊接时，必须两个人轮换操作，一人留在外面监护，防止发生意外，便于切断电源，利于抢救； 12）照明灯的工作电压，应低于36V； 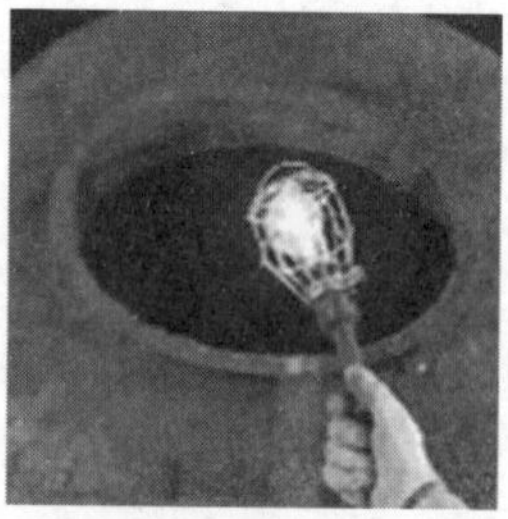 13）如有焊工触电时，不要赤手救护触电人员，应立即切断电源，或用木棍等绝缘物将带电的导体从触电人身上移开，进行抢救。
预防弧光灼伤及烫伤	1）操作时，焊工必须使用有电焊防护玻璃的面罩，保护头部和眼睛； 2）工作时，焊工必须穿帆布工作服，扣好纽扣，戴手套，防止强烈的弧光灼伤皮肤；  3）操作时应注意周围人员，防止弧光伤害别人的眼睛，在人多的场合，焊接区可用屏风隔开。

续表

项目	图示及说明
预防爆炸和火灾	电焊工工作场地附近 5m 内,不应放置易燃、易爆品,以免飞溅物或发热的焊条头落入而引起火灾和爆炸事故。严禁在有压力的管道或焊件上焊接;焊补存放过石油产品的容器等工件时,焊接前必须将可燃物清除干净,而且用碱水、热水清洗后方可焊补,以免引起爆炸等事故。 高空作业时,应注意防止金属火花飞溅而引起火灾。
预防有害气体和烟尘中毒	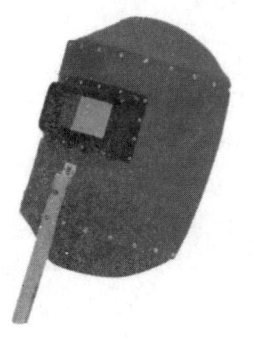 在焊接场地应有良好的通风,排出烟尘和有害气体,在狭小的工作场地或容器内施焊时,应特别注意通风排气工作。 焊工可使用通风头盔、送风口罩。

（3）防护用品

1）面罩是为了防止焊接时飞溅、弧光、辐射等对焊工面部及颈部损伤的一种遮盖式工具,有手持式和头盔式两种（图 5-3）。

（a）手持式   （b）头盔式

图 5-3   面罩

面罩上的黑玻璃里有各种颜色和添加剂,分六个色号适用于不同的电流范围,详见表 5-6。

色号	7～8	9～10	11～12
适用电流（A）	100	100～300	300

黑玻璃的色号和适用电流   表 5-6

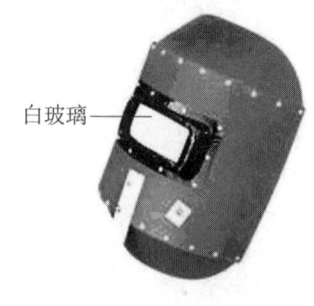

白玻璃——

防止焊接飞溅金属损害黑玻璃，在外面再罩上防护白玻璃（图5-4）。

使用面罩应注意，应正面朝上放置，不得乱丢或受重压，不得受潮或雨林，防止变形。

2）焊工工作时要戴好工作帽、穿好工作服，防止弧光和火花灼伤身体；要穿好绝缘胶鞋，防止触电。

图 5-4 罩上白玻璃

3）戴好焊工手套（图5-5），防止焊工的手和腕部不受电弧热辐射，熔渣和金属飞溅的损伤及触电。

图 5-5 焊工手套

第二节 基本操作方法

1. 引弧

引弧是指电弧焊时引燃焊接电弧的过程，手工电弧焊常用的引弧方法有两种，分别为擦法引弧和击法引弧，详见表5-7。

引弧的操作方法 表5-7

项目	图示及说明
擦法引弧	1）手持面罩，瞄准引弧位置； 2）用面罩挡住面部，将焊条对准引弧处，经手腕扭转一些，让焊条头在焊件上轻微滑动（像划火柴）；   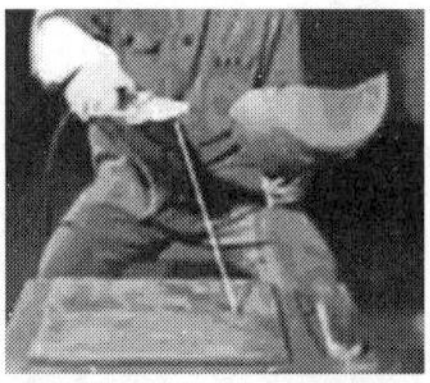 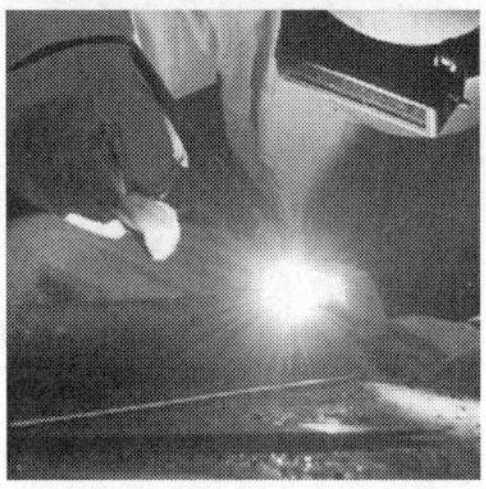  3）然后，手腕拧平，提起焊条，引燃电弧。使焊条与焊件保持2mm～4mm的距离。
击法引弧	1）手持面罩，瞄准引弧位置，用面罩挡住面部； 2）将焊条对准引弧处，焊条头轻轻碰击焊件，形成短路后立即提起焊条，引燃电弧； 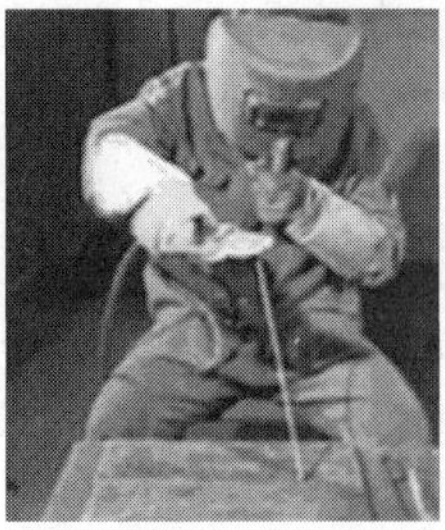  3）然后，手腕拧平，提起焊条，引燃电弧。使焊条与焊件保持2mm～4mm的距离。  

续表

项目	图示及说明
注意事项	1）引弧时，手腕动作必须灵活、准确。 2）引弧的地方要除油污、锈斑，焊条前端，应裸露焊芯，否则电弧不宜引燃。  3）焊条与焊件接触后，焊条提得太快或提得太高，电弧容易熄灭。 4）焊条与焊件接触后，焊条提得太慢，焊件会粘在焊件上，这时要迅速左右摆动焊条，使焊条脱离焊件。如不能脱离，应立即从焊钳上摘掉焊条，切断电源，以免短路过久损坏电机。 5）初学者要特别注意弧光灼伤眼睛，或被炙热的焊件、焊条头烫伤。 

2. 运条方法

在焊接生产中，根据不同的焊缝位置，不同的接头形式和焊件厚度等各种因素，采用不同的运条方法，详见表5-8。

运条方法　　　　　　　　表 5-8

项目	图示及说明
直线运条法	直线运条法在焊接时，保持一定的弧长，并沿焊接方向做不摆动的迁移。  1）焊接时，将焊条用合适的速度，朝着熔池的方向逐渐下降，沿焊接方向以适当速度不断迁移。并要注意使焊条与焊件间保持正确的夹角。 2）焊条向熔池送进的速度要与焊条熔化的速度相等，保证在焊接中电弧长度总是在 2mm ～ 4mm 之间。 3）当电弧长度变化时，会影响焊缝的熔深和熔宽，焊条迁移的速度也就是焊接速度应根据焊缝尺寸的要求、焊条直径、焊接电流、焊件厚薄、接缝装配情况和焊件位置等决定。 4）若移动速度过快，就会使焊缝熔敷的过小，还会造成焊不透或没熔合的缺陷。 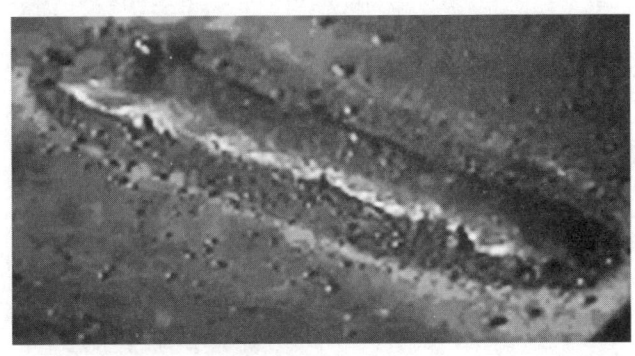 5）若移动速度过慢，就会使焊缝过高、工件过热、变形增大或烧穿。 6）焊接时，应使熔渣盖住熔池，大约 2/3 左右，同时使熔渣前沿与熔池交接点间的距离大约等于所要求的宽度，并使熔池前部中央，始终处于接缝的中间，这样才能焊出宽度一致、焊波整齐美观，不偏的焊缝。
锯齿形运条法	锯齿形运条法，是将焊条末端做锯齿形连续摆动地向前移动，摆动的目的是为了控制熔化金属的流动，得到必要的焊缝宽度，达到较好的焊缝成型。 由于这种方法操作容易，生产中应用较广，多用于厚钢板的焊接，平焊、仰焊、立焊的对接接头和立焊的角接接头都可以采用这种运条方法。 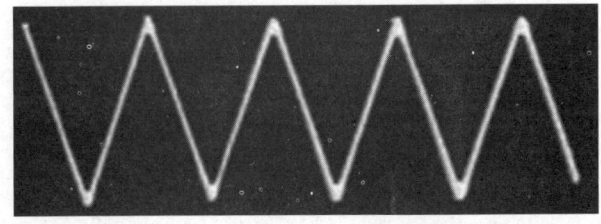

续表

项目	图示及说明
月牙形运条法	采用月牙形运条法时，焊条尖端沿着焊接方向做月牙形左右摆动。摆动速度要根据焊缝控件位置、接头形式和电流大小等决定，同时还要注意在两边做片刻的停留。  月牙形运条法的应用范围和锯齿形运条法基本相同，这种方法的优点是金属熔化的好、有较长的保温时间、气体容易析出、熔渣也容易浮到焊缝表面上来、焊缝质量高。
注意事项	1）操作时，呼吸要平静，手臂、身体要自然放松，不要憋着气，斜拧着身子进行焊接。 2）焊接时，要注意分清熔池中的熔渣和铁水，一般铁水的颜色比熔渣亮。  3）操作时，应操持正确的焊条角度和灵活运条，控制熔池的形状、大小要合适，不允许熔渣流到铁水前面，否则会形成夹渣。 4）用碱性焊条焊接时，如果出现熔池中铁水不平静，是由于电弧太长、焊条潮湿，或者焊件表面太脏造成的，这样焊缝容易出现气孔。 5）焊接中，因为受到焊接回路所产生的电磁力作用，引起的电弧偏吹，叫磁偏吹。在直流电弧焊时，磁偏吹是较强的，为了防止磁偏吹对焊接质量的影响，可采取以下措施： ①缩短电弧、调整焊条角度，使焊条朝着偏吹方向倾斜； ②选择适当的接线位置，如将导线接在焊件的一侧产生磁偏吹，将导线接在电弧中心线的下面将不会产生磁偏吹。 

续表

项目	图示及说明
注意事项	6）锯齿形、月牙形运条法，焊条在两边停留片刻是很重要的，不然容易产生咬边现象。 7）每焊完一道焊缝，都应该打去渣壳，检查焊接质量。

3. 焊缝的起头

将电流调节到 90A ～ 120A（图 5-6），用焊钳夹紧 E4303 型焊条（图 5-7）。

图 5-6　调节电流

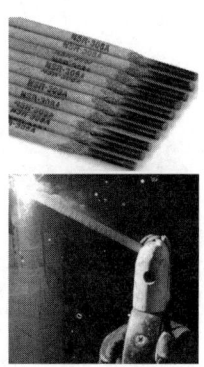

图 5-7　夹紧焊条

在焊缝起点后面 10mm 处引燃电弧，引弧后拉长电弧，迅速移到焊缝起头进行预热，预热后再将电弧压短、使弧长大约等于焊条直径开始焊接（图 5-8）。

图 5-8　焊接

4. 焊缝的收尾

　　焊缝收尾时，如果立即拉断电弧，就会形成低于焊件表面的弧坑，过深的弧坑会降低焊缝收尾处的强度，容易引起弧坑裂纹（图 5-9）。因此，收尾时应注意填满弧坑。

图 5-9　弧坑裂纹

（1）画圈收尾法

　　画圈收尾法是焊条做圆圈运动，直到填满弧坑再拉断电弧。

（2）反复断弧收尾法

　　反复断弧收尾法是在弧坑处反复熄灭和点燃电弧，直到弧坑填满为止。

（3）回焊收尾法

　　回焊收尾法也叫后移收尾法，收尾时使焊条在收尾处停住，同时改变焊条的方向，向回移动位置，等填满弧坑后，再稍稍向前移以下位置，再慢慢拉断电弧。

5. 焊缝的连接

　　手弧焊时经常要用几根焊条才能完成一根焊缝，为了避免连接处产生高

低不平、宽窄不均、脱节等缺陷，要求两焊道均匀连接，连接的情况一般有
四种，详见表5-9。

焊缝的连接　　　　　　　　　　　　　　　　　表5-9

方法	图示及说明
后焊焊缝的起头与先焊焊缝收尾的连接	焊完一条焊缝，迅速换焊条，换焊条的动作越快越好。 在弧坑稍前约10mm处引弧，电弧要比正常焊接稍长一些，再将电弧移到圆弧坑的2/3处，填满弧坑后，就可向前移，进入正常焊接。
两焊缝的起头相连接	起头处焊条移动快些，使起头处略微低些。接头时，在先焊焊缝起头的略前处引弧，稍微拉长电弧，将电弧引向先焊焊缝的起头处，并覆盖它的端头。待起头处焊缝焊平后，再向焊接方向移动。
两焊缝的收尾处相连接	焊完一条焊缝，再引弧焊接另一条焊缝，当后焊焊缝焊到前焊焊缝收尾处时，焊接速度应略慢一些，填满前一条焊缝的弧坑，再以较快的焊接速度略向前焊一些，后熄弧。
后焊焊缝的收尾与先焊焊缝起头的连接	起焊处焊条移动快些，使起头处略微低些，焊完一条焊缝。再引弧进行焊接，焊到先焊焊缝的起头处时，焊接速度稍慢，然后以较快的速度，略向前焊一些。使连接处焊缝高低、宽窄均匀。 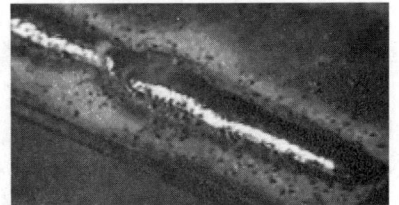

6. 注意事项

1）使用碱性焊条在连接焊缝时，电弧不可拉长。

2）正式施焊时，尽量不要拉断电弧，否则容易造成气孔、夹渣和焊缝外形不均匀的缺陷。

3）画圈收尾法适用于厚板焊接；反复断弧收尾法适用于薄板和大电流焊接；用碱性焊条不宜采用反复断弧法，因为容易产生尾部气孔，碱性焊条宜用回焊收尾法。

4）在焊接重要构件时，引弧和熄弧不允许在焊件上进行，要求要设置引弧板和熄弧板。

第三节 主要操作技能

1. 对接平焊

对接平焊的操作详见表 5-10。

对接平焊   表 5-10

种类	图示及说明
不开坡口的对接平焊	（1）操作前的准备 用 4mm 的钢板做焊件，根据焊件的要求，选用直径 2mm 和 3.2mm 的 E4303 型焊条。用 BX3500 型无焊变压器。 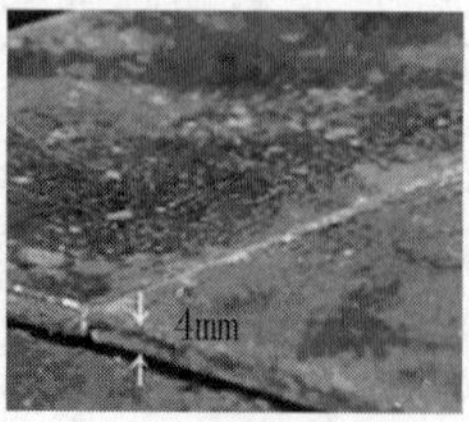 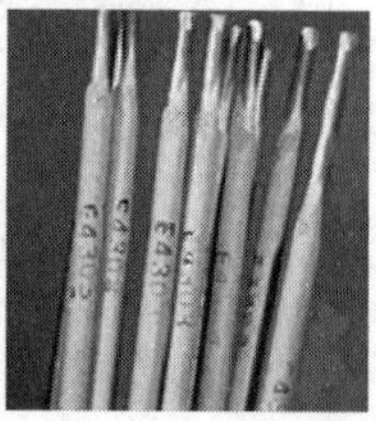

续表

种类	图示及说明
不开坡口的对接平焊	（2）操作步骤和要领 1）焊前应把焊件装配好，应保证梁板对接处要齐、平整，间隙要均匀。将焊钳、焊件和焊机连接起来，调节电流 120A ～ 150A。将焊条夹在焊钳上，准备进行定位焊。定位焊的尺寸主要取决于焊件的厚度。 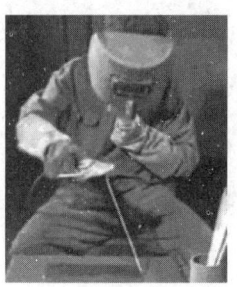 2）焊接时，应注意使定位焊缝的起头和结尾圆滑，不要过陡，否则在焊缝接头时容易造成焊不透。 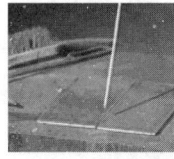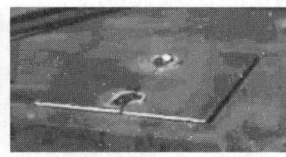 3）定位焊缝要求熔深大、焊缝平坦，不应有裂纹、未焊透、夹渣、气孔等缺陷。焊完应除去渣壳，检查定位焊缝质量。  4）发现焊接缺陷时，应铲掉重新焊接。 5）将电流调小 20A 左右，然后进行正面焊接，焊接速度要慢一些，使熔深达到焊件厚度 2/3 左右，焊缝宽度应为 5mm ～ 8mm。 6）将焊缝背面清根。 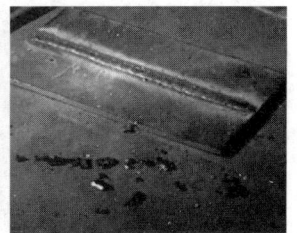

续表

种类	图示及说明
不开坡口的对 接平焊	7）将电流稍微增大，进行反面封底焊缝的焊接，速度要快一些，以获得较窄的焊缝。 8）现在焊接厚度为 2mm 的钢板。 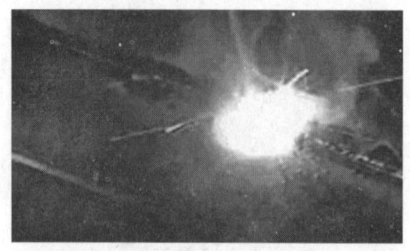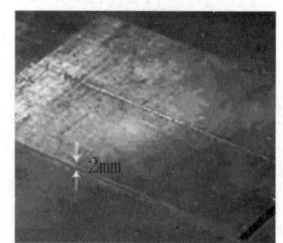 ①在装配焊件时，装配的间隙越小越好，最大不超过 0.5mm，对口处的对接偏差，不应超过板厚的 1/3。 ②将焊钳、焊件分别于弧焊变压器连接起来，将电流调到 70A ～ 90A。 ③用焊钳夹持直径为 2mm 的焊条进行定位焊。 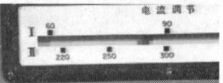 ④定位焊的焊缝呈扁状，焊点间距 80mm ～ 100mm。  ⑤清除定位焊缝的渣壳，检查焊接质量。发现缺陷时应铲除重新焊接。 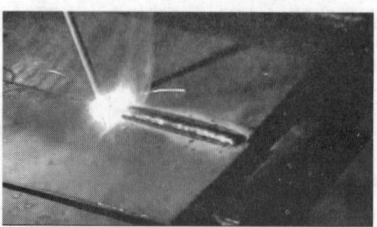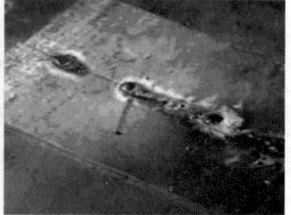

续表

种类	图示及说明
不开坡口的对接平焊	⑥现在正式焊接，将电流调到 50A ～ 80A 之间。用焊条夹紧直径 2mm 的焊条，进行焊接。焊接时应该采用短弧快速直线焊接，以得到小熔池和整齐焊缝表面。 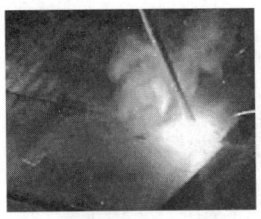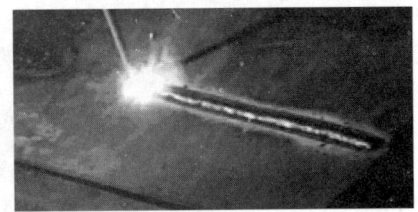 ⑦ 由于薄板受热容易变形，焊接完要进行校正。 （3）注意事项 　1）定位焊缝的焊接电流，应比正式焊接时高 10% ～ 15% 左右。 　2）定位焊的次序及位置必须适当选择，如平板装配时，定位焊应有中间向两边进行。 　3）定位焊后应尽快进行正式焊接，避免中途停止和过夜。 　4）对 2mm 以下薄板焊接时，如果焊件可以移动，最好将焊件一头垫起，使焊件呈 15° ～ 20° 倾斜，进行下坡焊，这样可以减小熔深和提高焊速。  　如果焊件不能移动，可进行灭弧焊接法。在焊接中发现熔池将要漏时，应立即灭弧，使焊接处温度降低后再进行焊接。也可以采用直线前后往复摆动焊接，向前时电弧稍长些，使焊接处温度不至太高。
开坡口的对接平焊	（1）操作前的准备 　选用低碳钢板作为焊件，根据焊件的要求，选择直径 3.2mm 和 4mm 的 E4303 型焊条。 

种类	图示及说明
开坡口的对接平焊	（2）操作步骤及要领 1）进行微型坡口的多层焊接，装配好焊件，用 3.2mm 直径的焊条，120A～150A 的焊接电流进行定位焊。  2）然后继续用 3.2mm 直径的焊条，将焊接电流调到 100A～130A 之间，采用直线运条法，焊接第一条焊缝。 3）焊完第一层焊缝后，除去焊渣。  4）再用 4mm 直径的焊条，把焊接电流调到 160A～210A，采用直线型或小锯齿形运条法，用短弧焊接第二层焊缝。 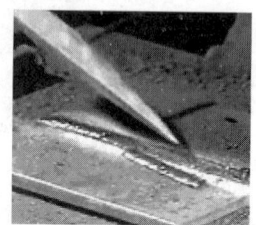 5）以后各层都采用 4mm 直径的焊条，160A～210A 的焊接电流焊接。 6）每层焊缝不要过厚，各层之间的焊接方向要相反。用锯齿形运条法焊接时，摆动范围应逐渐加宽，摆动到坡口两端时，要稍作停留，各层接头位置要错开 20mm 以上。 7）每焊完一层焊缝都要除渣后再焊下一层。 8）翻转焊件进行除渣。 9）最后进行封底焊缝焊接和不开坡口的封底焊接方法一样。 （3）焊接种类 1）X 形坡口的多层焊接： 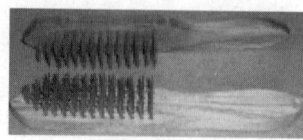

续表

种类	图示及说明
开坡口的对接 平焊	①将焊件装配好，用 3.2mm 直径的焊条，120A～150A 焊接电流进行定位焊，清除焊点渣壳。  ②还用 3.2mm 直径的焊条，将焊接电流调到 100A～130A，采用直线运条法，焊接第一层焊缝。 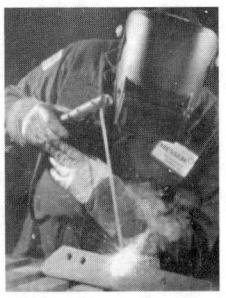 ③焊完后，清除渣壳。翻转焊件，清除焊根。  ④采用对称焊法，焊接反面第一层焊缝。 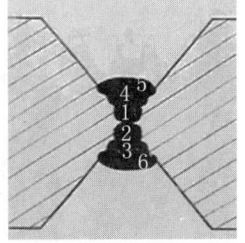 ⑤图中 12345 是 X 形坡口焊接顺序图。

续表

种类	图示及说明
开坡口的对接平焊	2）V形坡口的多层多道焊： ①装配好焊件，用3.2mm直径的焊条，120A～150A焊接电流进行定位焊。  ②接着还用3.2mm直径的焊条，将电流调到100A～130A，采用直线型运条法进行第一层焊缝的焊接。焊完第一层焊缝，除去渣壳。  ③换上4mm直径的焊条，焊接电流调到160A～210A，仍采用直线运条法。用短弧焊接以后各层各道焊缝。 ④焊道与焊道之间要有一定的重叠。图中数字是V形坡口的焊接顺序。 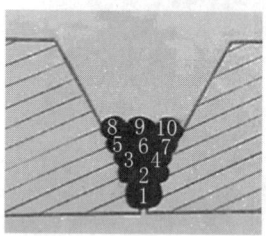 ⑤焊完后，清除渣壳；翻转焊件除渣。 ⑥采用不开坡口的封底焊缝的焊接方法，进行封底焊缝的焊接。  

2. 横焊

横焊的主要操作方法和技能，详见表5-11。

横焊的主要操作方法和技能　　　　　　　　　　　表5-11

种类	图示及说明
不开坡口的对接横焊（4mm钢板）	1）将焊件装配好后，进行定位焊，先焊接正面焊缝； 2）将焊接电流调到90A～120A之间，用焊钳夹住3.2mm直径的焊条，采用短弧直线型运条法； 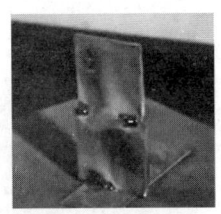 3）将焊条与水平呈15°的角度，用电弧的吹力托住熔化的金属； 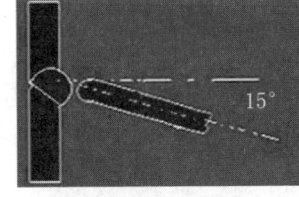 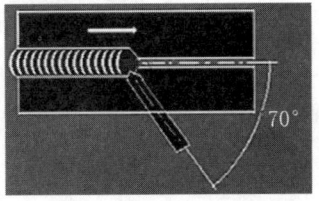 4）为防止下淌，焊条还需要向焊接方向倾斜与焊缝呈70°左右的夹角； 5）运条速度稍慢，要均匀，避免焊条的熔滴金属过多地集中在某一点上，形成焊瘤和咬边； 6）焊完后进行清根；   7）接着，仍用3.2mm直径的焊条，焊接电流调到100A～130A，用直线型运条法焊接反面焊缝。

续表

种类	图示及说明
开坡口的对接横焊（8mm钢板）	1）装配好焊件进行定位焊，用焊钳夹好 3.2mm 的焊条，焊接电流调到 80A～100A，采用直线型运条法焊接第一道焊缝； 2）焊完后除去渣壳； 3）接着，换夹 4mm 直径的焊条，将焊接电流调到 150A～180A，采用斜圆圈型运条法，焊接第二道焊缝，焊接时，要注意保持短弧； 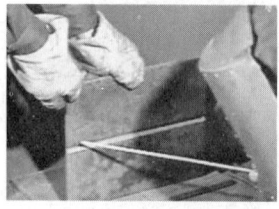 4）为了防止咬边和焊缝下面下淌，每个斜圆圈型与焊缝中心的斜度不要大于 45°； 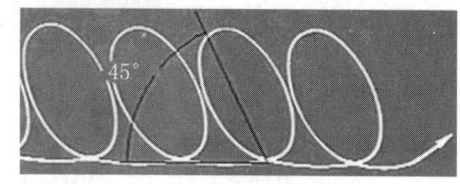 5）正面焊完后清除焊根； 6）再用 3.2mm 直径的焊条，将电流调到 150A 左右，采用直线型运条法，进行背面封底焊。 
注意事项	1）横焊时，熔池金属有下淌的倾向，容易使焊缝上边出现咬边，下边出现焊瘤和未熔合的缺陷。因此应该采用短弧，较小直径的焊条，和较小的焊接电流，用适当的运条方法，才能保证质量。 2）横焊的坡口通常是开不对称的坡口，下板不开坡口或坡口角度小于上板，这样有利于焊缝成型。 3）开坡口的对接横焊，第一道焊缝的运条方法可以根据接头间距大小来选择，当间隙较大时，适合采用直线往复型运条法焊接。 4）厚板横焊，适合采用多层多道焊，都用直线型运条法，但要根据各焊缝的具体情况，始终保持短弧和适当的焊接速度，同时焊条的角度也应该随焊缝的位置进行调节。 5）开坡口的对接横焊缝，各层各道的排列顺序见图中数字序号。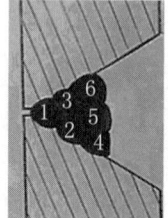

3. 平角焊

平角焊包括 T 形接头、交接接头和搭接接头。平角焊的焊脚尺寸与焊法见表 5-12,施工工艺见表 5-13。

焊脚的尺寸与焊法   表 5-12

焊脚尺寸（mm）	＜ 6	6～8	＞ 8
焊法	单层	多层	多层多道

平角焊的施工工艺   表 5-13

项目	图示及说明
操作前的准备	首先准备 8mm 低碳钢板两块,根据焊件的要求,选用 4mm 直径的 E4303 型焊条,选择 BX3500 型弧焊变压器。
操作步骤及要领	（1）单层焊接 1）用焊钳夹好焊条,将焊接电流调到 160A ～ 200A,准备引弧。 2）这是引弧点,在这引弧对起头有预热作用,可减少焊接缺陷,也可以消除引弧的痕迹。 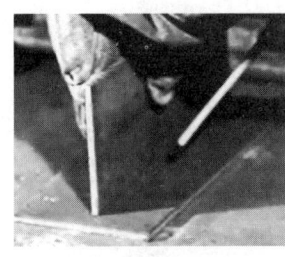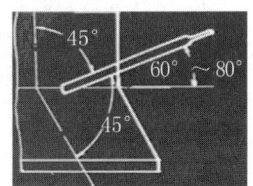 3）焊接时,焊条角度与水平焊件呈 45°角,与焊接方向成 60°～ 80°夹角,如果角度过小会造成根部熔深不足;如果角度过大,熔渣容易跑到熔池前面,形成夹渣。

续表

项目	图示及说明
操作步骤 及要领	4）焊脚尺寸小于5mm时，可以采用直线运条法短弧焊接；焊脚尺寸5mm～6mm时，可以采用斜圆圈型运条法。  ①由 a～b 时，要慢速，以保证水平焊件的熔深； ②由 b～c 时，稍快，以防熔化的金属下淌； 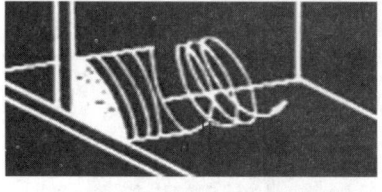 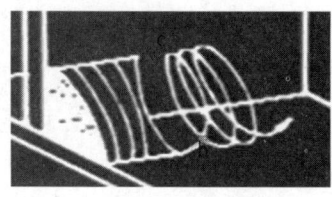 ③在 c 处稍作停留，以保证垂直焊件的熔深，避免咬边； ④由 c～d 时，稍慢，以保证根部焊透和水平焊件的熔深，防止夹渣； ⑤由 d 到 e 时，稍快，到 e 处稍作停留。 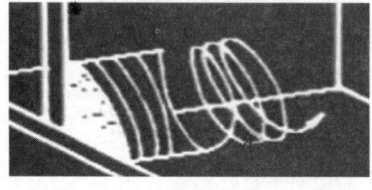 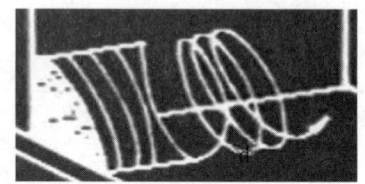 按上述规律，用短弧反复练习，注意收尾时填满弧坑，就能获得良好的焊接质量。 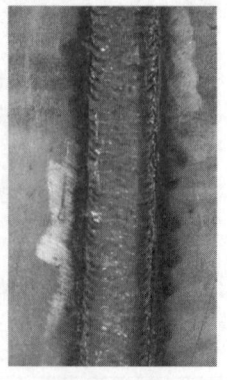

项目	图示及说明
操作步骤 及要领	（2）多层焊接 1）焊件装配与定位焊与上面相同。 2）夹好焊条，调好电流，采用直线运条法焊接第一条焊缝，焊条角度和平角焊一样。收尾时把弧坑填满或略高些。焊完第一层焊缝，除去渣壳，翻转焊件，清除焊根。   3）然后，仍然用焊接第一道焊缝的方法、焊接电流和焊条来焊接反面焊缝，焊完后清除渣壳。 4）再将焊接电流调到160A～200A之间，换上4mm直径的焊条，采用斜圆圈型运条法焊接第二层焊缝。如果发现第一层焊缝有咬边时，焊接第二层时在咬边处适当停留一些时间，消除咬边缺陷。 注意，每一层焊接都一个采取对称焊法。 （3）多层多道焊接 1）焊件装配与定位焊和以前一样，将电流调到130A～150A，夹好3.2mm直径的焊条，采用直线运条法，焊接第一层焊缝，收尾时，要特别注意填满弧坑。 2）焊完第一层焊缝后，除去渣壳，翻转焊件清除焊根，采用对称焊法焊接反面焊缝。再将焊接电流调到160A～200A之间，换上4mm直径的焊条，继续采用直线型运条法焊接第二道焊缝。 3）焊条和水平焊件的角度在45°～55°之间，与焊接方向的夹角为65°～80°，运条速度稍快一些，但必须均匀。第二道焊缝对第一道焊缝覆盖应大于2/3，焊完第二道焊缝出去渣壳。 4）接着仍用4mm直径的焊条，160A～200A的焊接电流，继续用直线运条法，焊接第三道焊缝。焊条与焊件平面的夹角为40°～45°，焊接速度稍快，但必须均匀。 5）第三道焊缝对第二道焊缝覆盖应有1/3～1/2。 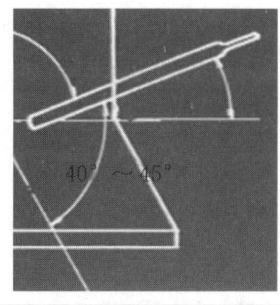 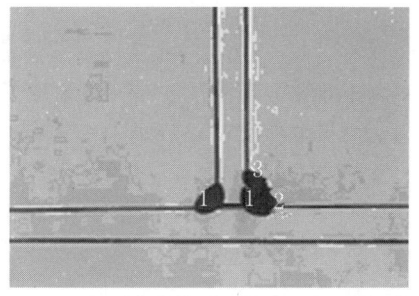

续表

项目	图示及说明
注意事项	1）当焊接不同钢板厚度的平角焊时，应调节焊条角度，将电弧偏向厚板的一边，使两板的温度均匀。 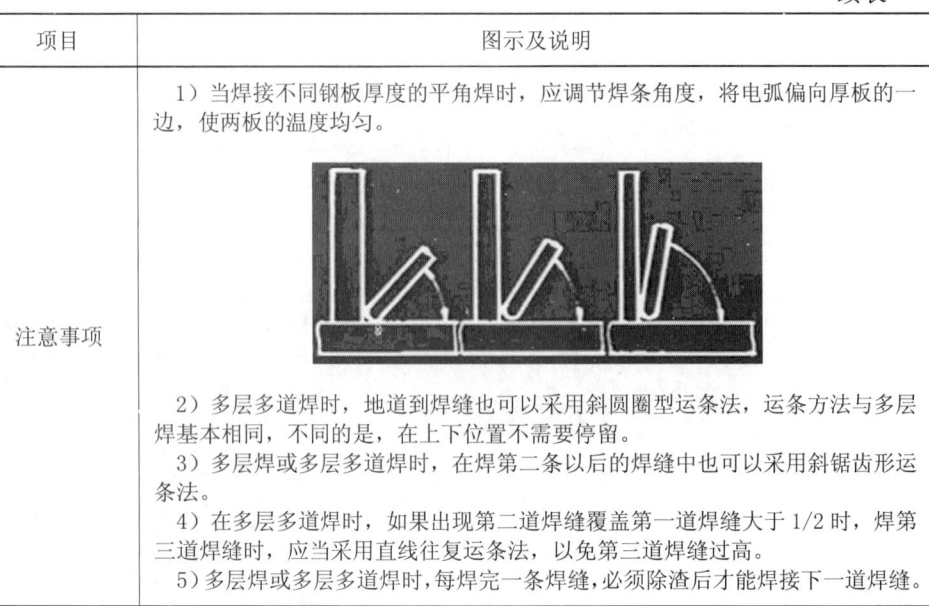 2）多层多道焊时，地道到焊缝也可以采用斜圆圈型运条法，运条方法与多层焊基本相同，不同的是，在上下位置不需要停留。 3）多层焊或多层多道焊时，在焊第二条以后的焊缝中也可以采用斜锯齿形运条法。 4）在多层多道焊时，如果出现第二道焊缝覆盖第一道焊缝大于 1/2 时，焊第三道焊缝时，应当采用直线往复运条法，以免第三道焊缝过高。 5）多层焊或多层多道焊时，每焊完一条焊缝，必须除渣后才能焊接下一道焊缝。

4. 仰焊

仰焊时，熔化的金属受重力的作用，非常容易下落，焊缝形成困难，详见表 5-14。

仰焊的施工工艺　　　　　　　　表 5-14

项目	图示及说明
不开坡口的对接仰焊（4mm）	1）装配好焊件，进行定位焊。 2）清除渣壳。

续表

项目	图示及说明
不开坡口的对接仰焊（4mm）	3）夹好直径为 3.2mm 的焊条，焊接电流为 120A 左右，焊接时，焊工要选择最佳的视线位置，两脚半开步站立，上身要稳，由远而近的运条，可以把电缆线挂在临时设置的钩子上，减轻臂腕的负担。 4）采用直线型运条法，与焊缝两侧呈 90° 夹角，焊条与焊接方向呈 70° 角。 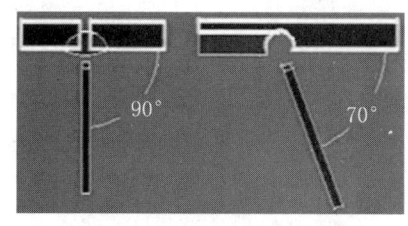 5）运条过程中，弧条要短，使熔滴能顺利过渡到熔池中去，焊接时要注意控制熔池不要太大使熔渣浮出。收尾动作要快，防止漏焊填满弧坑。
开坡口的对接仰焊（8mm）	1）装配好焊件进行定位焊，清除渣壳。 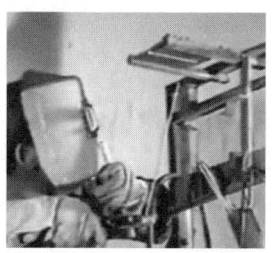 2）夹好 3.2mm 直径的焊条，焊接电流调到 120A 左右，引弧后先用长弧预热起焊处，预热后，迅速压低电弧，在坡口根部稍停 2s～3s，熔透根部，再将电弧向前移动。操作姿势和不开坡口的对接仰焊一样。 3）焊接时，采用直线运条法，焊条角度与焊接方向呈 70°～80°，与焊缝两侧呈 90° 夹角。焊速在保证焊透的前提下尽量快些，防止烧穿及熔化金属下淌。 4）第一层焊缝焊好后，除去渣壳。焊道表面要平直，否则下层焊缝容易夹渣、焊不透。 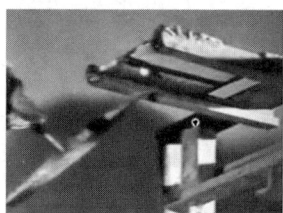 5）接着继续用焊一层焊缝选用的焊条、电流及运条方法焊接第二层焊缝。焊完后除去渣壳。 6）继续用焊第一层焊缝选用的焊条和焊接电流，改用锯齿形或月牙形运条法焊第三层焊缝。焊接时，运条到焊缝两侧要稍停一下，中间稍快一些，以便形成较薄的焊层。

续表

项目	图示及说明
T形接头仰焊	1）装配好焊件进行定位焊，清除焊点的渣壳。   2）夹好3.2mm直径的焊条，将焊接电流调到120A左右，操作姿势和对接仰焊相同，采用直线型运条法，焊完第一道焊缝后，除去渣壳。  3）接着继续用焊接第一道焊缝用的焊条和焊接电流，改用三角形或斜圆圈型运条法焊接第二道焊缝，第二道焊缝焊好后，除去渣壳，继续焊第三道焊缝。
注意事项	1）仰焊时焊接电流虽然要比平焊时小，但不宜过小，否则得不到足够的熔深，电弧也不稳。 2）仰焊焊件的坡口角度要比平焊焊件大一些，钝边厚度则要比平焊焊件小一些，装配的间隙较大些，便于运条和变换焊条位置，克服仰焊时焊深不足、焊不透等困难。 3）焊接第一层焊缝时，如果间隙较大，可用直线往复型运条法。焊条沿焊接方向的角度应该根据需要而定，如果接缝间隙大，熔深要小一些，焊条应向焊接方向反向倾斜。 4）无论用哪一种焊接方法进行仰焊，熔滴金属向熔池过渡都不要过多，要保持少而薄。 5）厚焊件开坡口对接仰焊时，可采用多层多道焊法。 6）焊条的角度，应该根据每一道焊缝的位置做相应的调整，要利于熔滴金属过渡，并获得较好的焊缝成型。

5. 焊接应力与变形

任何物体受力时，其内部任意截面上的两侧都会出现相互作用的力，物体单位截面上所作用的力叫作应力。物体在力的作用下，其几何尺寸和形状发生改变的现象叫作变形。

金属物体产生应力与变形的因素主要有两种,一种是受外力作用引起的;另一种则是在工件本身内部存在的力所形成的。

(1)焊接变形的种类

由于进行焊接,在焊件中所产生的变形叫作焊接变形。焊接变形的种类,一般分为收缩变形、角变形、弯曲变形、扭曲变形和波浪变形五种,详见表5-15。

焊接变形的种类		表 5-15

种类	图示及说明
收缩变形	焊接时,工件局部受热,温度极不均匀,温度较高部分的膨胀金属受到周围温度较低金属的限制,不能自由膨胀而产生压缩塑性变形,致使接头焊后发生缩短现象,即收缩变形。沿焊缝长度方向的缩短叫作纵向收缩,沿焊缝垂直方向的缩短叫作横向收缩。 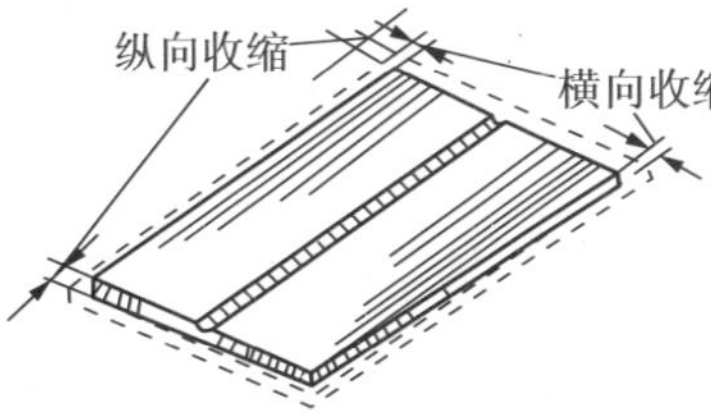
角变形	焊接时,由于焊接区沿板材厚度方向不均匀地横向收缩而引起的回转变形,称为角变形。 角变形主要是由于焊缝截面形状沿厚度方向不对称或施焊层次不合理,致使焊缝在厚度方向上横向收缩量不一致所造成的。 
弯曲变形	较长构件因不均匀加热和冷却,焊后发生两端挠起的变形称为弯曲变形。 这是由于结构上焊缝布置不对称或端面形状不对称,焊缝的纵向收缩或横向收缩所产生的变形。 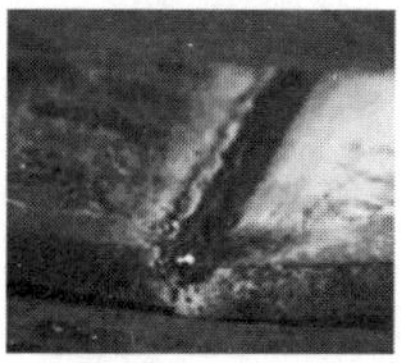

续表

种类	图示及说明
扭曲变形	由于装配不良，施焊顺序不合理，焊后发生扭曲，称为扭曲变形。这与焊缝角变形沿长度上的分布不均匀性及工件的纵向错边有关。 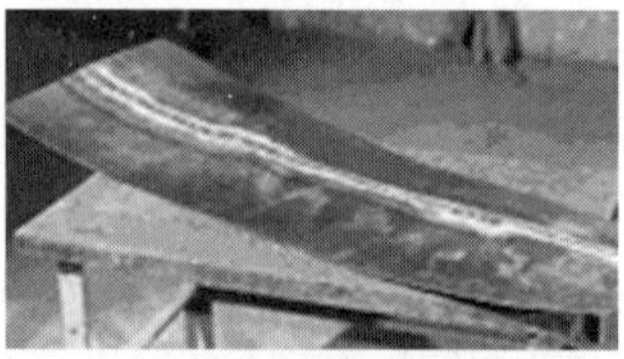
波浪变形	薄板焊接时，因加热不均匀，焊后构件呈波浪状变形。 

（2）减少和防止焊接应力及变形的措施

减少和防止焊接应力及变形的措施，详见表 5-16。

减少和防止焊接应力及变形的措施　　　　　表 5-16

项目	图示及说明
合理进行结构设计和焊接工艺设计	为了减少和防止焊接应力及变形，在设计焊接方法时，应该选用对称工作焊面和焊缝位置。在保证强度的前提下，除了尽量减少焊缝的断面和长度外，在焊接工艺上可采取以下措施：采用合理的装配及焊接顺序，以图为例，左图容易变形，右图可大大降低变形概率。 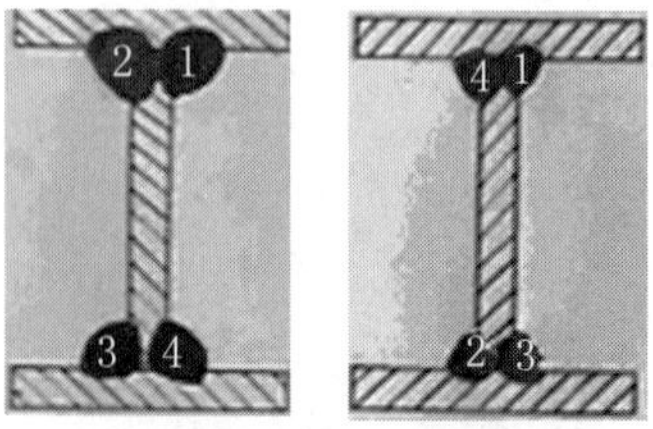
反变形法	根据生产中焊接变形规律，焊接前预先把被焊件做出相反方向的变形，以抵消焊后发生的变形，叫反变形法。V形坡口单面对接焊时，一般都发生角变形。如果预先把焊件装配成反方向的变形，然后进行焊接，角变形基本上就可以消除了。 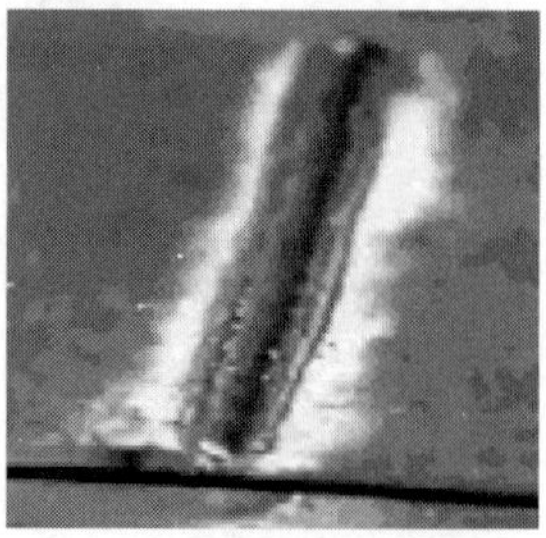

续表

项目	图示及说明
刚性固定法	采用把焊件固定在平台上，或是在焊接用夹具上夹紧的方式进行焊接。如焊接工字梁时，把平板牢牢固定在平台上，焊接时利用平台的刚性限制角变形和弯曲变形。 　　需要注意的是，刚性固定法可减少焊接变形，但却增大焊接应力，这种方法只适用于塑性好的焊件。 
焊件预热	对焊件预先加热，使焊件温度差减小，这样可以均匀地同时冷却，减小焊接应力。 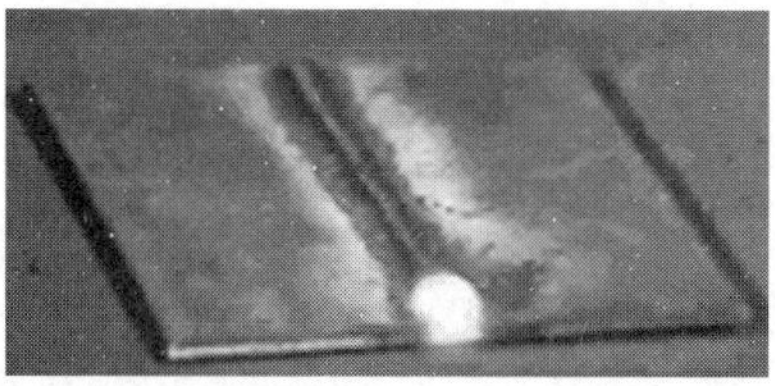
焊后缓冷	焊接后使焊件缓慢冷却，也可以减小焊接应力。
焊后轻击焊缝或回火	采用焊后回火或焊后轻击焊缝的方法也可以大大消除焊接应力。 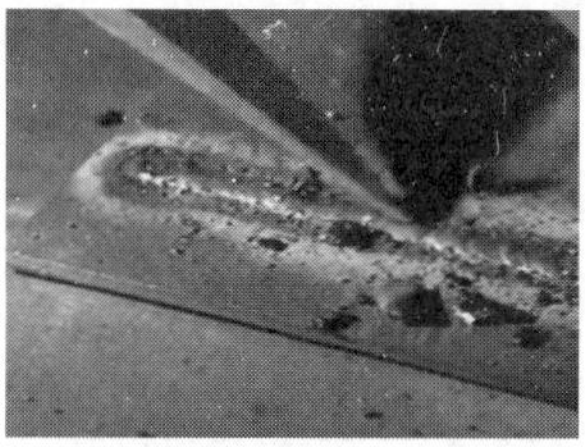

在生产实践中，焊件结构各式各样，焊件应力又是看不见的，所以要消除焊接的应力，必须根据钢材的性能、焊件厚度、结构的制造和使用的焊条等多种因素进行决定。

第四节　焊接缺陷

手工电弧焊的焊接缺陷，详见表5-17。

手工电弧焊的焊接缺陷   表 5-17

缺陷	图示及说明
焊缝尺寸不符合工艺要求	焊缝外表形状高低不平；焊波宽窄不齐等。 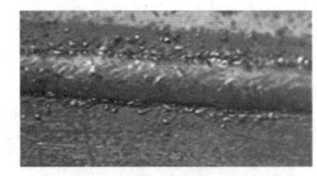 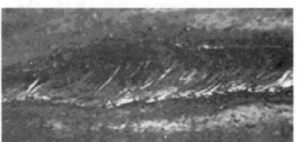 产生这些缺陷的主要原因是： 1）坡口开得不当或装配间隙不均匀； 2）焊接电流选择不当； 3）焊接速度过快或过慢； 4）运条方法不正确，焊条与焊件夹角太大或太小。
焊接裂缝	（1）热裂纹 这是由于熔池中含碳、硫、磷较多，到熔池快凝固时，在拉应力作用下产生的热裂纹。 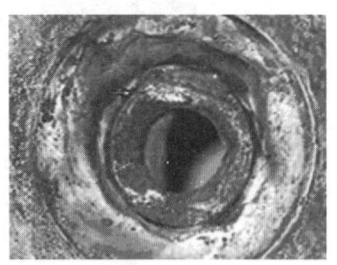 防止措施： 1）控制焊缝中的碳、磷、硫的含量； 按规定，S、P 应小于 0.03% ～ 0.04%，焊接低碳钢、低合金钢焊丝含碳量一般不超过 0.12%； 2）焊前对焊件整体或局部进行预热，焊后缓冷，以减小应力； 3）减小焊接结构的刚性； 4）控制焊缝成形。 （2）冷裂纹 由于母材具有较大的脆硬倾向，焊接熔池中溶解了多量的氢，从焊接接头中产生了较大的应力而形成了冷裂纹。 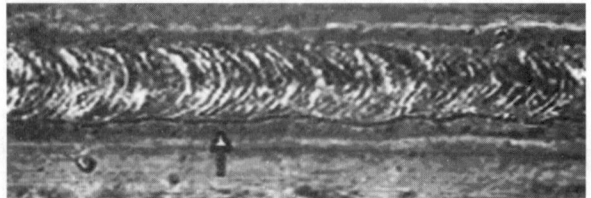 防止措施： 1）焊接前烘干焊条，减少氢来源； 2）采用低氢焊条；

续表

缺陷	图示及说明
焊接裂缝	3）焊钳预热，降低焊接接头的冷却速度； 4）焊接后立即对焊件进行加热或保温，使氢逸出； 5）适当提高焊接电流，减慢焊接速度，防止变形脆硬组织； 6）采用合理的焊接顺序，尽量减少焊接应力。
气孔	在焊接过程中，熔池金属中的气体在金属冷却以前没能来得及溢出，在焊缝金属内部或表面所形成的气孔。 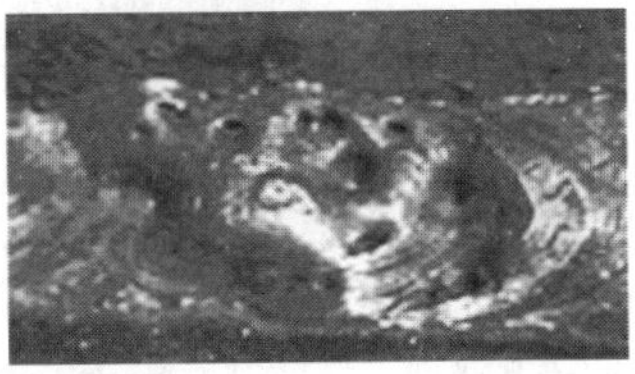 （1）产生其气孔的主要原因是： 1）焊接前焊件坡口的油污、铁锈、氧化皮没能清除干净； 2）焊条受潮、药皮脱落或者焊接前烘干温度过高或过低； 3）焊接时电弧过长，使熔池中溶入较多的气体，焊接电流过小或焊接速度过快，气体来不及溢出；焊接电流过大，使药皮过热、分解，失去了保护作用；使用碱性焊条时，极性不对。 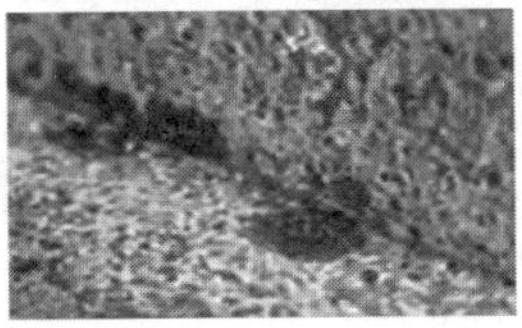 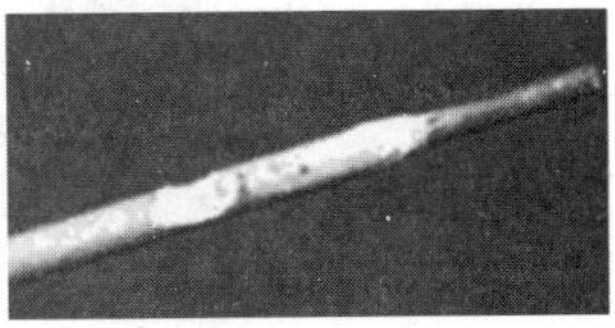 （2）防止措施 1）使用抗气体强的酸性焊条； 2）焊接前仔细清除焊件焊缝两侧的油、锈、氧化皮； 3）焊条不能受潮； 4）焊接速度、电流要适中，尽量采取短弧焊接。
咬边	沿着焊制的母材位置产生了沟槽或凹陷叫作咬边。产生的咬边的原因是由于工件被熔化去一定深度，填充金属未能及时流过去进行补充造成的。 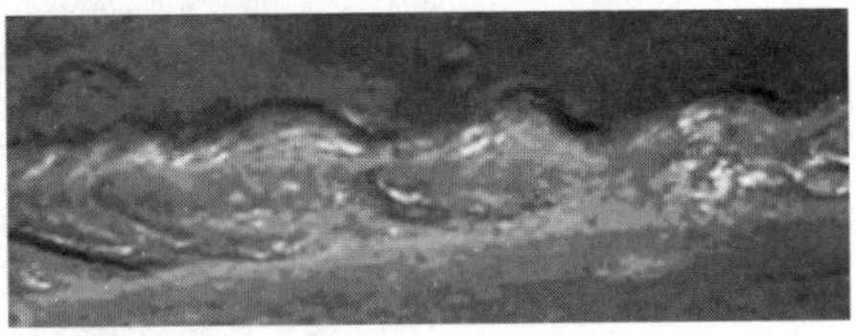 当电流过大，电弧拉得太长、焊条角度不当时，都会造成咬边。尤其是平角焊、立焊、横焊、仰焊时最容易产生这种缺陷。 防止措施： 1）电流和焊速要适当； 2）电弧不要太长； 3）焊条角度和运条方法正确。

缺陷	图示及说明
未焊透和未熔合	接头根部未完全熔透的现象叫做未焊透，焊缝与母材之间未完全熔合的部分称为未熔合。 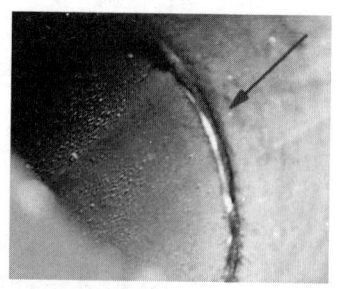 产生的主要原因是坡口角度太小、钝边过大、间隙太小，焊条角度不正确，熔池偏于一侧、焊接电流过小、焊速过快，电弧过长、焊件表面没有很好地清除脏物或层间清渣不干净。
夹渣	焊接熔渣残留在焊缝金属中的现象叫夹渣。 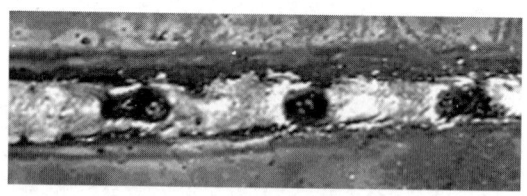 产生的主要原因是：焊接电流过小、焊速过快，使熔池凝固过快，夹渣物来不及浮出；运条不正确，使铁水与熔渣混合，阻碍了熔渣上浮；多层焊时，清渣不干净；焊件坡口、角度过小。
烧穿	焊接过程中，熔化金属自焊缝背面流出，形成穿孔的现象叫烧穿。 产生的主要原因是：焊件装配间隙过大，或钝边太小，焊点电流过大，焊速过慢或电弧在一点停留过久造成的。 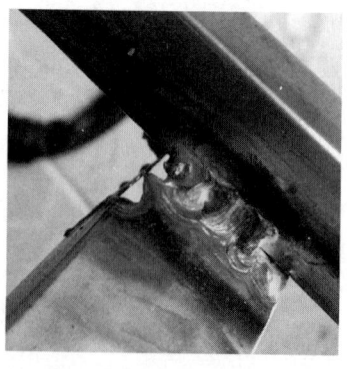 防止措施是：严格控制装配间隙；正确选择焊接电流和焊接速度；在间隙太大的地方，可用挑弧法焊上一层薄焊缝后再焊；或在接缝背面垫上铜块。

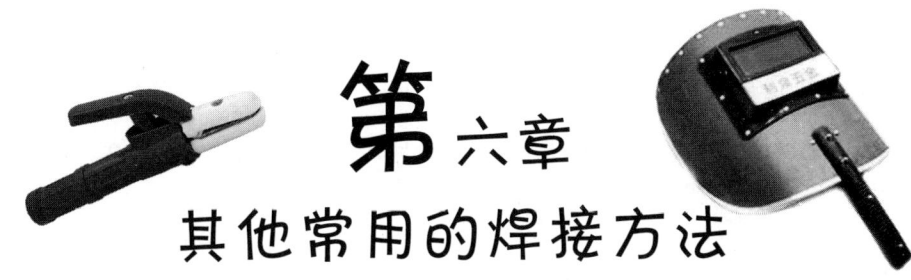

第六章
其他常用的焊接方法

第一节 埋弧焊

埋弧焊是电弧在焊剂下燃烧进行焊接的方法，分为自动和半自动两种，是目前仅次于手弧焊的应用最广泛的一种焊接方法，可焊接各种钢板结构。焊接碳素结构钢、低合金结构钢、不锈钢、耐热钢、复合钢材等。在造船、锅炉、桥梁、起重机械及冶金机械制造业中应用最广泛。

1. 埋弧焊的工艺特点

（1）优点

1）生产率高：埋弧焊保护效果好，没有飞溅，焊接电流大，热量集中，电弧穿透能力强，焊缝熔深大，且焊接速度快。

2）质量好：焊接规范稳定，熔池保护效果好，冶金反应充分，性能稳定，成形美观。

3）节省材料和电能：电弧能量集中，散失少，耗电小，中、薄焊件可不开坡口，减少填充金属。

4）改善劳动条件，降低劳动强度：电弧在焊剂层下燃烧，弧光、有害气体对人体危害小。

（2）缺点

1）只适用于水平（俯位）位置焊接。

2）由于焊剂成分是 MnO、SiO_2 等金属及非金属氧化物，因此难以用来焊接铝、钛等氧化性强的金属和合金。

3）设备比较复杂，仅适用于长焊缝的焊接，并且由于需要导轨行走，所以对于一些形状不规则的焊缝无法焊接。

4）当电流小于100A时，电弧稳定性不好，不适合焊接厚度小于1mm的薄板。

5）由于熔池较深，对气孔敏感性大。

2. 埋弧焊工艺

埋弧焊一般在平焊位置焊接，用以焊接对接和T形接头的长直焊缝。焊缝起止处焊上引弧板和引出板，如图6-1所示。由于埋弧焊选用的焊接电流较大，容易造成烧穿，生产中采用各种焊剂垫和垫板以保证焊缝成形和防止烧穿，如图6-2所示。

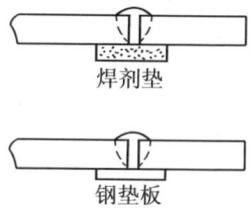
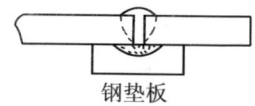

图 6-2 焊剂垫和垫板

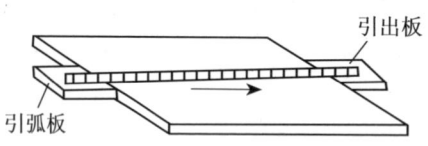

图 6-1 电弧的引弧板和引出板

焊接筒体对接焊缝时，工件以一定的焊接速度旋转，焊丝位置不动。为防止熔池金属流失，焊丝位置应逆旋转方向偏离焊件中心线一定距离 a，如图6-3所示。

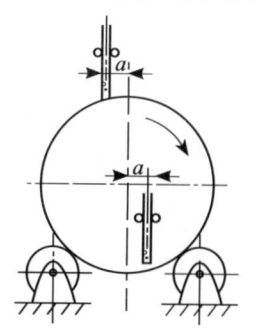

图 6-3 环缝埋弧焊示意

埋弧焊的电源通常采用容量较大弧焊变压器。焊丝的伸出长度（从导电嘴末端到电弧端部的焊丝长度）远较焊条电弧焊焊条短，一般在50mm左右，而且是光焊丝，不会因提高电流而造成焊条药皮发红，即可使用较大的电流（比焊条电弧焊大5～10倍）。

第二节 电渣焊

1. 电渣焊的定义

电渣焊是指利用电流通过液体熔渣所产生的电阻热进行焊接的方法。

根据电渣焊所使用电极的形状以及是否固定，电渣焊工艺可分为：丝极电渣焊、板极电渣焊、熔嘴电渣焊、管极电渣焊四种方法。这四种方法的比较见表6-1。

电渣焊焊接方法比较　　　　　　　　　　　表6-1

方法	示意图	焊接原理	适用范围
丝极电渣焊	 1—导轨；2—机头；3—操作盒； 4—成形滑块；5—焊件；6—导电嘴；7—渣池； 8—熔池	丝极电渣焊使用的电极为焊丝，焊丝通过导电嘴被送入熔池，焊接机头随熔池的上升而向上移动，并带动导电嘴上移。焊丝还可以在接头间隙中往复摆动，从而可以获得比较均匀的熔宽和熔深。对于比较厚的焊件可以采用两根、三根或多根焊丝	丝极电渣焊适用于环焊缝的焊接、高碳钢及合金钢的对接及T形接头焊接

续表

方法	示意图	焊接原理	适用范围
板极电渣焊	1—板极；2—渣池；3—金属熔池；4—焊缝；5—焊件	板极电渣焊所使用的电极为板状，板极由送进机构不断向熔池中送进，板极可以是铸件也可以是锻件，板极一般是焊缝长度的4～5倍，因此送进机构高大，焊接时如果板极晃动，易与焊件接触而短路	板极电渣焊适用于不宜拉成焊丝的合金材料的焊接
熔嘴电渣焊	1—焊丝；2—钢管；3—熔嘴；4—渣池；5—金属熔池；6—焊缝；7—焊件；8—固定冷却铜板	熔嘴电渣焊的熔化电极为焊丝及固定于装配间隙中的熔嘴。熔嘴是根据焊接的断面形状，由钢板和钢管点固焊接而成的。焊接时熔嘴不用送进，与焊丝同时熔化进入熔池	熔嘴电渣焊适用于变断面焊件的焊接
管极电渣焊	冷却水　1—焊丝；2—送丝熔轮；3—包极夹头；4—管状焊条熔嘴管；5—管状焊条熔嘴药皮；6—引弧板；7—焊件；8—冷却成形板	管极电渣焊是熔嘴电渣焊的一个特例。当焊件很薄时，熔嘴即可简化为一根或两根涂有药皮的管子。所以，管极电渣焊的电极是固定在装配间隙中的带有涂料的钢管和管中不断向渣池中送进的焊丝。由于涂料的绝缘作用，管极不会与焊件短路，所以焊件的装配间隙可以缩小，这样就可以节省焊接材料，提高焊接生产率	管极电渣焊适用于薄板及曲线焊缝的焊接

2. 电渣焊的特点

1）优点

①适用范围广泛。电渣焊适用于大厚度的焊接，也适用于焊缝处于垂直位置的焊接及倾斜焊缝（与地平面的垂直面夹角≤30°）的焊接。

②生产效率高。焊件均可制成Ⅰ形坡口，只留一定尺寸的装配间隙便可一次焊接成形，所以生产效率较高，且焊接材料消耗较少，劳动卫生条件好。

③电能消耗少。焊接热源是电流通过液体熔渣而产生的电阻热。电渣焊时电流主要由焊丝或板极末端经渣池流向金属熔池。电流场呈锥形，是电渣焊的主要产热区，锥形流场的作用是造成渣池的对流，把热量带到渣池底部两侧，使母材形成凹形熔化区。电渣焊的渣池温度可达 1600℃～2000℃。电渣焊的电能消耗只有埋弧焊的 1/2～1/3。

④金属熔池的凝固速率低，熔池中的气体和杂质较易浮出，焊缝不易产生气孔和夹渣。

⑤焊缝成形系数调节范围大，容易防止产生焊缝热裂纹。

⑥渣池的热量大，对短时间的电流波动不敏感，使用的电流密度大，为 $0.2A/mm^2 \sim 300A/mm^2$。

2）为了改善焊缝的组织及力学性能，必须进行焊后热处理。电渣焊焊缝的晶粒粗大，焊缝热影响区严重过热，在焊接低合金钢时，焊缝和热影响区会产生粗大的魏氏组织。进行焊后热处理可以改善焊缝的组织及力学性能。

3. 电渣焊的应用范围

1）适用于焊件厚度较大的焊缝及难于采用其他工艺进行焊接的曲线或曲面焊缝。

2）受到现场施工或起重能力的限制，必须在垂直位置进行焊接的焊缝。

3）广泛应用于碳钢、低合金高强度钢、合金钢、珠光体型耐热钢，还可用于焊接铬镍不锈钢、铝及铝合金、钛及钛合金、铜和铸铁等。

4）广泛应用于锅炉、重型机械和石油化工高压精炼设备及各种大型铸-焊、锻-焊、组合件焊接和厚板拼焊等大型结构件的制造。

第三节 氩弧焊

氩弧焊是利用氩气作为保护介质的一种电弧焊方法。氩气是一种惰性气体，它既不与金属起化学反应使被焊金属氧化或合金元素烧损，亦不溶解于液体金属，引起气孔，因而氩气的保护是很可靠的，可获得高质量的焊缝。

1. 钨极氩弧焊的焊接材料

钨极氩弧焊的焊接材料主要有钨极、氩气和焊丝。

（1）钨极

氩弧焊时钨极作为电极起传导电流、引燃电弧和维持电弧正常燃烧的作用。目前所用的钨极材料主要有以下几种。

1）纯钨极：其牌号是 W1、W2，纯度 99.85% 以上。纯钨极要求焊机空载电压较高，使用交流电时，承载电流能力较差，故目前很少采用。为了便于识别常将其涂成绿色。

2）钍钨极：其牌号是 WTh-10、WTh-15，是在纯钨中加入 1%～2% 的氧化钍（ThO_2）而成。钍钨极电子发射率提高，增大了许用电流范围，降低了空载电压，改善引弧和稳弧性能，但是具有微量放射性。为了便于识别常将其涂成红色。

3）铈钨极：其牌号是 Wce-20，是在纯钨中加入 2% 的氧化铈（CeO）而成。铈钨极比钍钨极更容易引弧，使用寿命长，放射性极低，是目前推荐使用的电极材料。为了便于识别常将其涂成灰色。

（2）钨极的规格

1）长度范围，在 76mm～610mm 之间。

2）常用的直径为 0.5mm、1.0mm、1.6mm、2.0mm、2.4mm、3.2mm、4.0mm、5.0mm、6.3mm、8.0mm、10mm 等。

3）钨极端部的形状如图 6-4 所示。

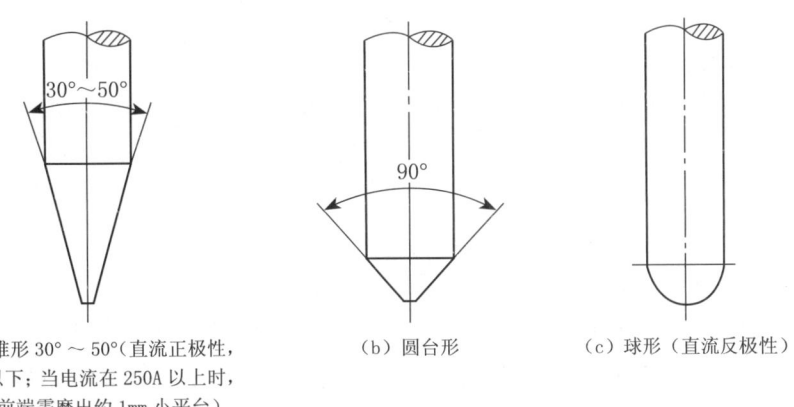

(a) 圆锥形 30°～50°（直流正极性，200A 以下；当电流在 250A 以上时，钨极前端需磨出约 1mm 小平台）　　（b）圆台形　　（c）球形（直流反极性）

图 6-4　钨极端部的形状

（3）氩气

惰性气体，氩气的密度比空气大，可形成稳定的气流层，覆盖在熔池周围，对焊接区有良好的保护作用。氩弧焊对氩气的纯度要求很高，按我国现行标准规定，其纯度应达到 99.99%。

焊接用氩气以瓶装供应，其外表涂成灰色，并且标注有绿色"氩气"字样。氩气瓶的容积一般为 40L，最高工作压力为 15MPa。使用时，一般应直立放置。

（4）焊丝

氩弧焊用焊丝主要分钢焊丝和有色金属焊丝两大类。焊丝可按《气体保护电弧焊用碳钢、低合金钢焊丝》GB/T 8110—2008 选用。焊接有色金属一般采用与母材相当的焊丝。氩弧焊用焊丝直径主要有 0.8mm、1.0mm、1.2mm、1.4mm、1.5mm、1.6mm、2.0mm、2.4mm、2.5mm、4.0mm、5.0mm、6.0mm 等种规格，多选用直径 2.0mm～4.0mm 的焊丝。

2. 手工钨极氩弧焊操作要点

(1) 引弧

通常手工钨极氩弧焊机本身具有引弧装置（高压脉冲发生器或高频振荡器），钨极与焊件并不接触保持一定距离，就能在施焊点上直接引燃电弧。

如没有引弧装置操作时，可使用纯铜板或石墨板作引弧板，在其上引弧，使钨极端头受热到一定温度（约1s），立即移到焊接部位引弧焊接。这种接触引弧，会产生很大的短路电流，很容易烧损钨极端头。

(2) 持枪姿势和焊枪、焊件与焊丝的相对位置

持枪姿势，如图6-5所示，焊件与焊丝的相对位置如图6-6所示。焊枪、焊件与焊丝的相对位置，一般焊枪与焊板表面成20°～80°左右的夹角（视具体情况而定），填充焊丝与焊件表面为15°～20°。

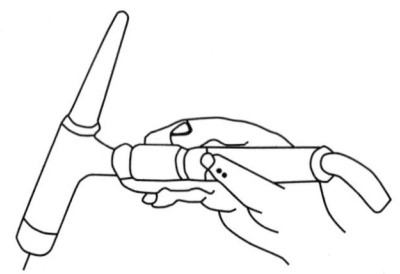

图6-5 钨极氩弧焊持枪姿势

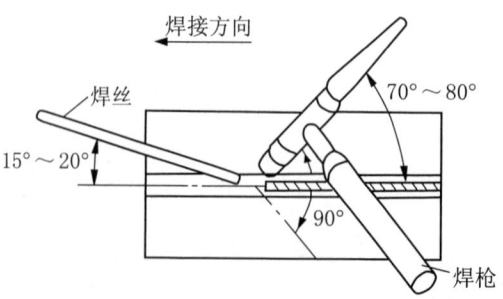

图6-6 钨极氩弧焊焊件与焊丝的相对位置

（3）右焊法和左焊法

右焊法适用于厚件的焊接，焊枪从左向右移动，电弧指向已焊部分，有利于氩气保护焊缝表面不受高温氧化。

左焊法适用于薄件的焊接，焊枪从右向左移动，电弧指向未焊部分有预热作用，容易观察和控制熔池温度，焊缝形成好，操作容易掌握。一般均采用左焊法。

（4）焊丝送进方法

一种方法是以左手的拇指、食指捏住，并用中指和虎口配合托住焊丝便于操作的部位。需要送丝时，将弯曲捏住焊丝的拇指和食指伸直［图6-7(b)］，即可将焊丝稳稳地送入焊接区，然后借助中指和虎口托住焊丝，迅速弯曲拇指、食指，向上倒换捏住焊丝［图6-7（a）］。如此反复，以填充焊丝。

另一种方法如图6-7（c）所示夹持焊丝，用左手拇指、食指、中指配合动作送丝，无名指和小手指夹住焊丝控制方向，靠手臂和手腕的上、下反复动作，将焊丝端部的熔滴送入熔池，全位置焊时多用此法。

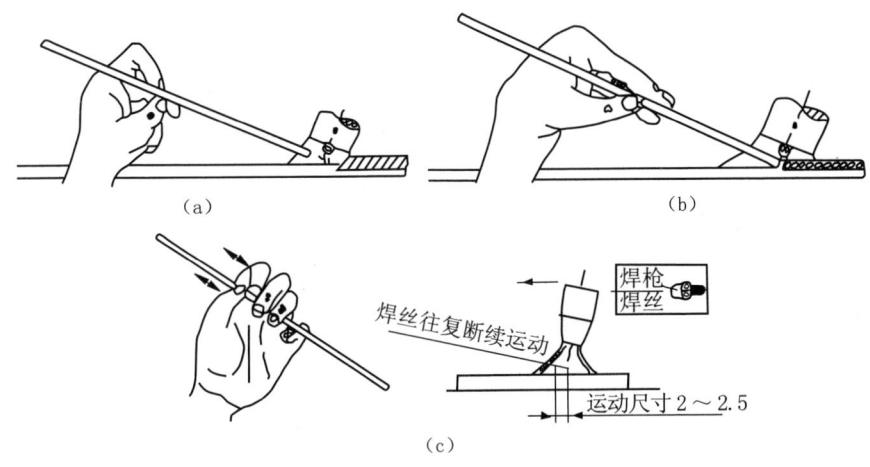

图 6-7 钨极氩弧焊焊丝送进

（5）收弧

一般氩弧焊机都配有电流自动衰减装置，收弧时，通过焊枪手柄上的按钮断续送电来填满弧坑。若无电流衰减装置时，可采用手工操作收弧，其要领是逐渐减少焊件热量，如改变焊枪角度、稍拉长电弧、断续送电等。收弧时，填满弧坑后，慢慢提起电弧直至熄弧，不要突然拉断电弧。

熄弧后，氩气会自动延时几秒钟停气，以防止金属在高温下产生氧化。

需要说明的是，钨极氩弧焊前，对焊件接缝两侧各 20mm 范围的清理要严格。

第四节 电阻焊

1. 电阻焊适用范围

电阻焊是压焊的一种，是重要的焊接工艺之一，在航空工业、造船工业、汽车工业、锅炉工业、地铁车辆、建筑行业及家用电器等方面被广泛应用。

2. 电阻焊工作原理

电阻焊是在焊件组合后通过电极施加压力，利用电流通过接头的接触面及邻近区域产生的电阻热进行焊接。电阻焊时产生的热量由下式决定：

$$Q = 0.24I^2Rt \tag{6-1}$$

式中　Q——产生的热量（J）；

　　　I——焊接电流（A）；

　　　R——电极间电阻（由焊件本身电阻、焊件间接触电阻、电极与焊件间接电阻组成）（Ω）；

　　　t——焊接时间（s）。

点焊、缝焊、凸焊及对焊的工作原理见表6-2。

电阻焊不同焊接方法的工作原理 表 6–2

焊接方法	图示	工作原理
点焊	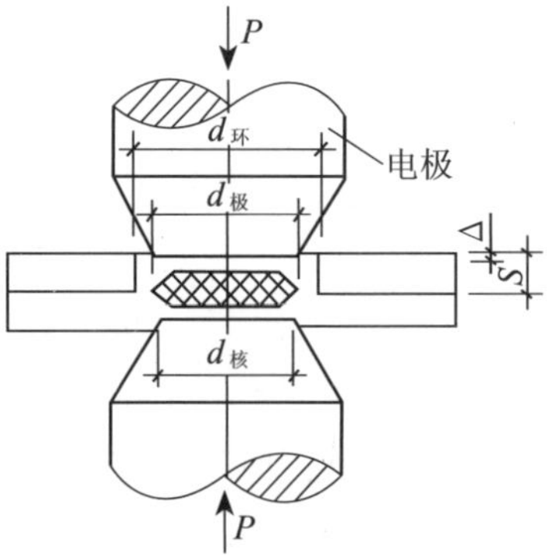	点焊是将焊件组装成搭接接头，并在两电极之间压紧，通以电流在接触处便产生电阻热，当焊件接触加热到一定的程度时断电（锻压），使焊件可以熔合在一起而形成焊点。焊点形成过程可分为彼此相接的三个阶段：焊件压紧、通电加热进行焊接、断电（锻压）
缝焊	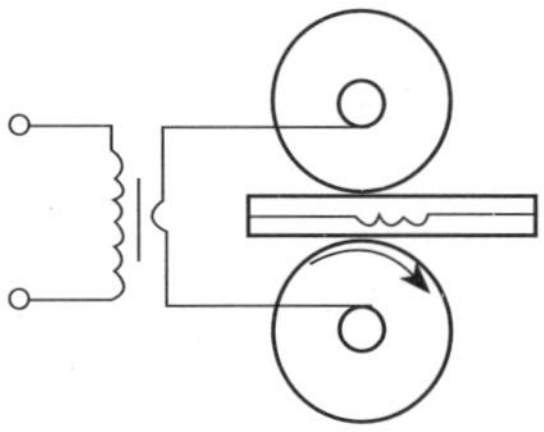	缝焊是一种连续进行的点焊。缝焊时接触区的电阻加热过程，冶金过程和焊点的形成过程都与点焊相似
凸焊	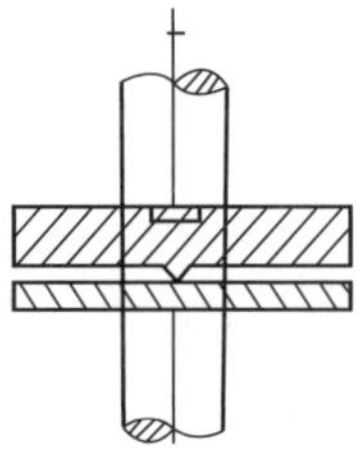	凸焊是在一个工件的贴合面上预先加工出一个或多个凸起点，使其与另一个工件表面相接触，加压并通电加热，然后压塌，使这些接触点形成焊点
对焊	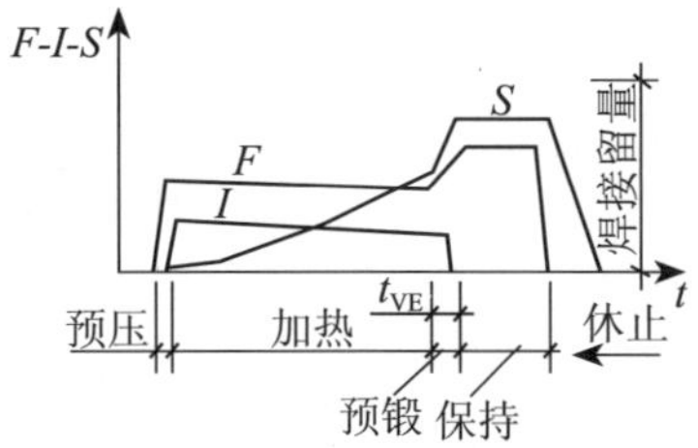 变压式电阻对焊 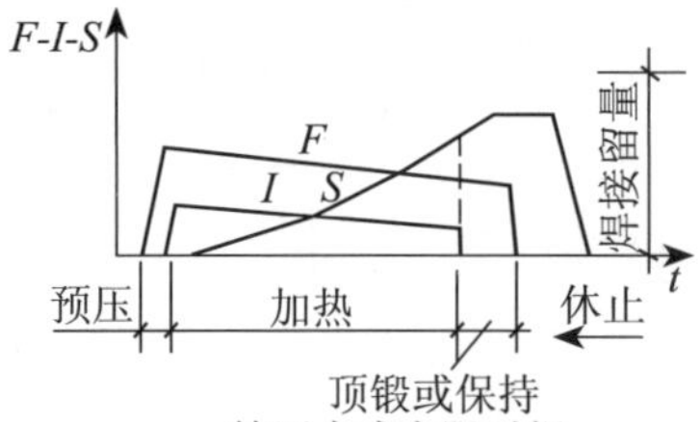 等压力式电阻对焊	电阻对焊将工件装配成对接接头，使其端面紧密接触，利用电阻加热至塑性状态，然后迅速加顶锻力完成焊接，电阻对焊由预压、加热、顶锻、保持和休止等阶段组成

（1）点焊操作技术

1）点焊操作要点

①所有焊点都应尽量在电流分流值最小的条件下进行点焊。

②焊接时应先选择在结构最难以变形的部位（如圆弧上肋条附近等）上进行定位点焊。

③尽量减小变形。

④当接头的长度较长时，应从中间向两端进行点焊。

⑤对于不同厚度铝合金焊件的点焊，除采用强规范外，还可以在厚件一侧采用球面半径较大的电极，以有利于改善电阻焊点核心偏向厚件的程度。

2）点焊方法

点焊方法的分类及工艺特点见表6-3。

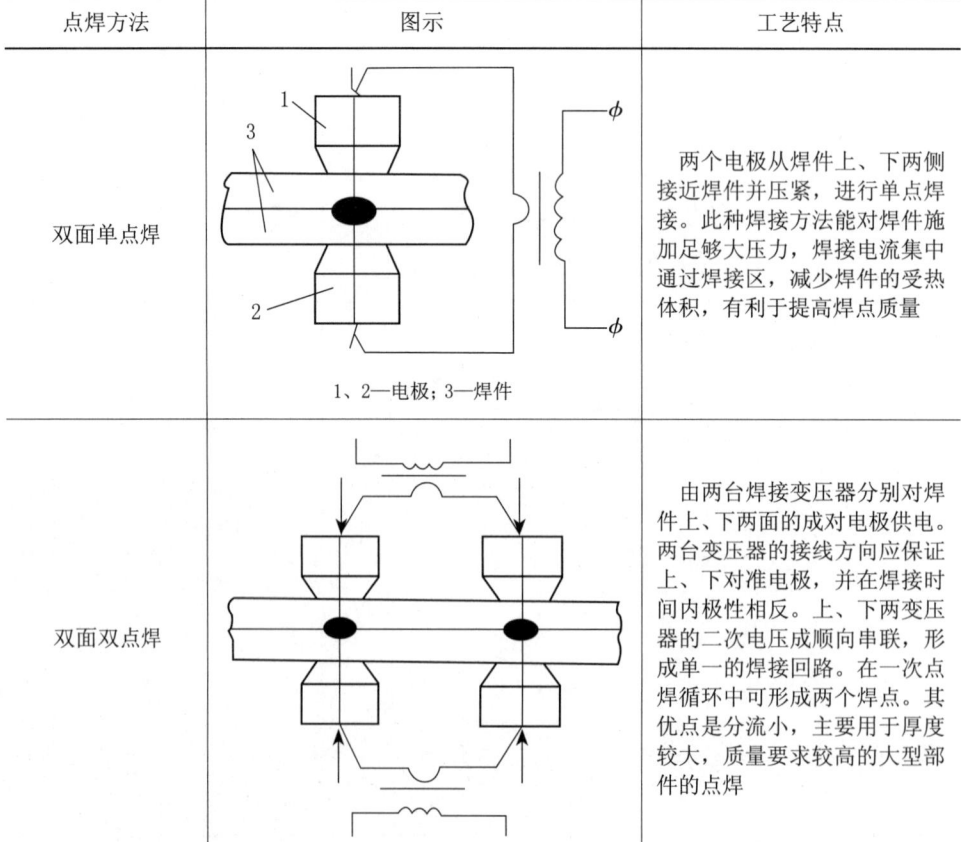

点焊方法的分类及工艺特点		表6-3
点焊方法	图示	工艺特点
双面单点焊	1、2—电极；3—焊件	两个电极从焊件上、下两侧接近焊件并压紧，进行单点焊接。此种焊接方法能对焊件施加足够大压力，焊接电流集中通过焊接区，减少焊件的受热体积，有利于提高焊点质量
双面双点焊		由两台焊接变压器分别对焊件上、下两面的成对电极供电。两台变压器的接线方向应保证上、下对准电极，并在焊接时间内极性相反。上、下两变压器的二次电压成顺向串联，形成单一的焊接回路。在一次点焊循环中可形成两个焊点。其优点是分流小，主要用于厚度较大，质量要求较高的大型部件的点焊

续表

点焊方法	图示	工艺特点
单面双点焊	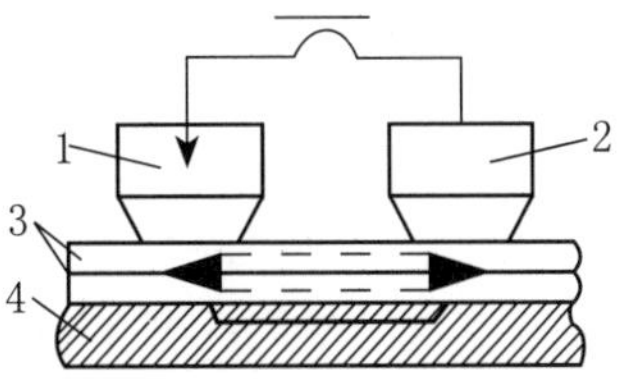 1、2—电极；3—焊件；4—铜垫板	两个电极放在焊件同一面，一次可同时焊两个焊点。优点是生产率高，可方便地焊接尺寸大、形状复杂和难以用双面单点焊的焊件，易于保证焊件一个表面光滑、平整、无电极压痕。缺点是焊接时部分电流直接经上面的焊件形成分流，使焊接区的电流密度下降。减小分流的措施是在焊件下面加铜垫板
单面单点焊	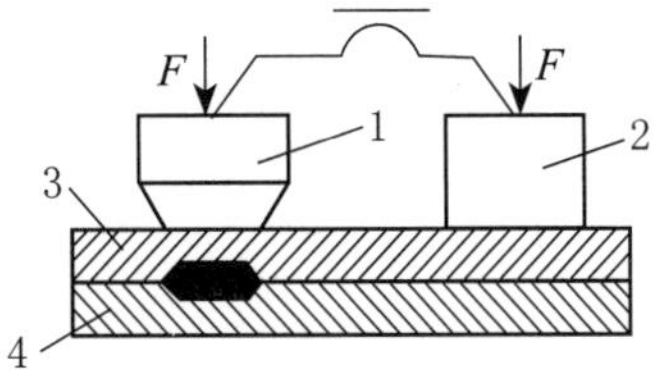 1、2—电极；3—焊件；4—铜垫板	两个电极放在焊件的同一面，其中一个电极与焊件接触的工作面很大，仅起导电快的作用，对该电极也不施加压力
多点焊	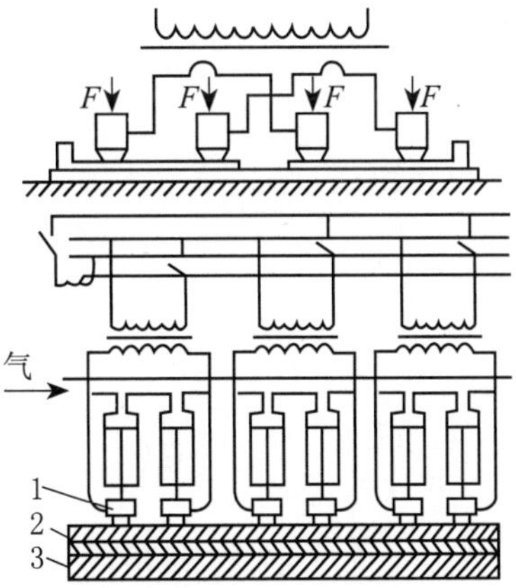 1—电极；2—焊件；3—铜垫板	一次可以焊多个焊点的方法。既可采用数组单面双点焊组合起来，也可采用数组双面单点焊或双面双点焊组成进行点焊

（2）缝焊操作技术与方法

1）焊前准备

①焊前清理：焊前应对接头两侧附近宽约 20mm 处进行清理。

②焊件装配：采用定位销或夹具进行装配。

2）定位焊

进行定位焊点焊或在缝焊机上采用脉冲方式进行定位时，焊点间距为75mm～150mm，定位焊点的数量应能保证焊件足能固定住。定位焊的焊点直径应不大于焊缝的宽度，压痕深度小于焊件厚度的10%。

3）定位焊后的间隙处理

①低碳钢和低合金结构钢：当焊件厚度小于0.8mm时，间隙要小于0.3mm；当焊件厚度大于0.8mm时，间隙要小于0.5mm。重要结构的环型焊缝应小于0.1mm。

②不锈钢：当焊缝厚度小于0.8mm时，间隙要小于0.3mm，重要结构的环型焊缝应小于0.1mm。

③铝及合金：间隙小于较薄焊件厚度的10%。

4）缝焊的方法

缝焊方法分类及工艺特点见表6-4。

缝焊方法分类及工艺特点   表6-4

点焊方法	图示	工艺特点
搭接缝焊	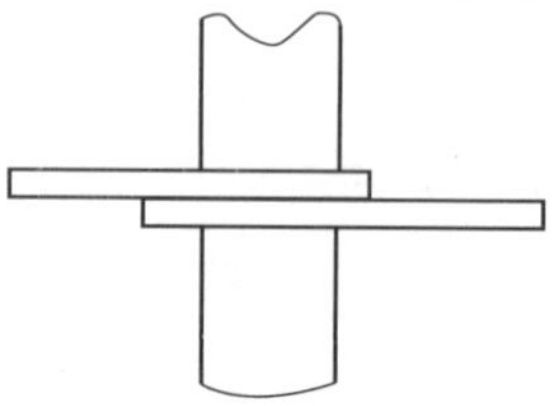	可用一对滚轮或用一个滚轮和一根芯轴电极进行缝焊。接头的最小搭接量与点焊相同
压平缝焊	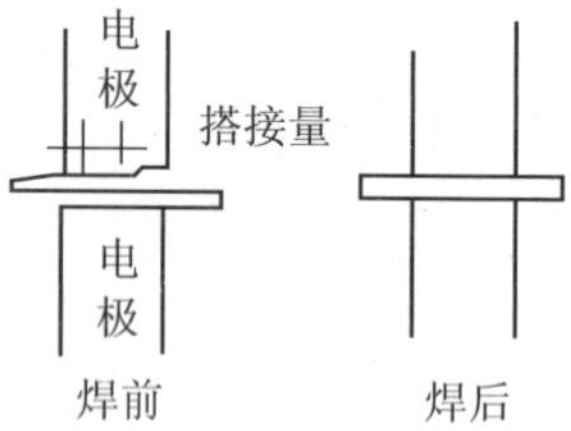 电极 搭接量 电极 焊前 焊后	两焊件少量地搭接在一起，焊接时将接头压平，压平缝焊时的搭接量一般为焊件厚度的1～1.5倍。焊接时可采用圆锥形面的滚轮，其宽度应能筱盖接头的搭接部分。另外，要使用较大焊接压力和连续电流
垫箔对接缝焊	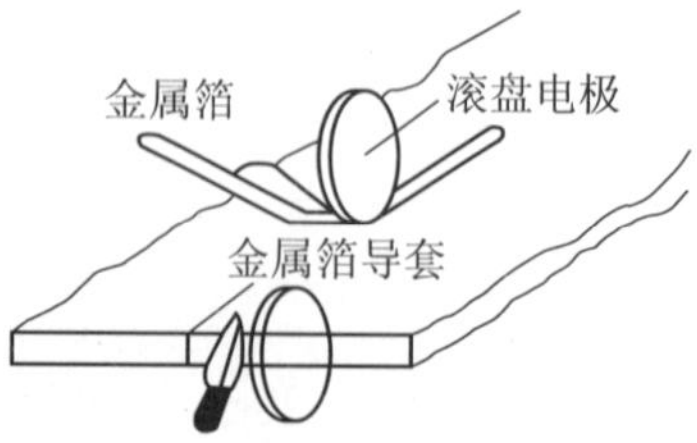 金属箔 滚盘电极 金属箔导套	先将焊件边缘对接，在接头通过滚轮时，不断将两条箔带垫于滚轮与板件之间。由于箔带增加了焊接区的电阻，使散热困难，因而有利于熔核的形成。这种方法的优点是不易产生飞溅，减小电极压力，焊接后变形小，外观良好等。缺点是装配精度高，焊接时将箔带准确地垫于滚轮和焊件之间也有一定的难度

续表

点焊方法	图示	工艺特点
铜线电极缝焊	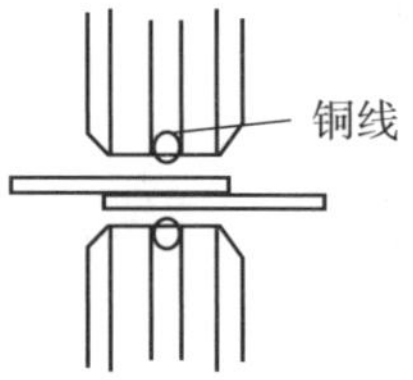 铜线	焊拉时，将圆铜线不断地送到滚轮和焊件之间后再连续地盘绕在另一个绕线盘上，使镀层仅黏附在铜线上，不会污染滚轮。如果先将铜线轧成扁平线再送入焊区，搭接接头和压平缝焊一样

（3）凸焊操作技术

1）焊接前清理焊件。

2）凸点要求。

①检查凸点的形状、尺寸及凸点有无异常现象。

②为保证各点的加热均匀性、凸点的高度差应不超过 ±0.1mm。

③各凸点间及凸点到焊件边缘的距离，不应小于 2D（D 为凸点直径）。

④不等厚件凸焊时，凸件应在厚板上。但厚度比超过 1:3 时，凸点应在薄板上。

⑤异种金属凸焊时，凸点应在导电性和导热性好的金属上。

3）电极设计要求。

①点焊用的圆形平头电极用于单点凸焊时，电极头直径应不小于凸点直径的两倍。

②大平头棒状电极适用于局部位置的多点凸焊。

③具有一组局部接触面的电极，将电极在接触部位加工出突起接触面，或将较硬的铜合金嵌块固定在电极的接触部位。

（4）对焊操作技术

1）焊前准备

①电阻对焊的焊前准备：两焊件对接端面的形状和尺寸应基本相同，使表面平整并与夹钳轴线成 90° 直角；对焊件的端面以及与夹具接触面进行清理，与夹具接触的工件表面的氧化物和脏物可用砂布、砂轮、钢丝刷等机械方法清理，也可使用化学清洗方法（如酸洗）；由于电阻对焊接头中易产生氧

化物夹杂，因此，对于质量要求高的稀有金属、某些合金钢和有色金属进行焊接时，可采用氩、氦等保护气体来解决。

②闪光对焊的焊前准备：闪光对焊时，对端面清理要求不高，但对夹具和焊件接触面的清理要求应和电阻对焊相同；对大截面焊件进行闪光对焊时，应将一个焊件的端部倒角，增大电流密度，以利于激发闪光；两焊件断面形状和尺寸应基本相同，其直径之差不应大于 15%，其他形状不应大于 10%。

2）焊接接头

①电阻对焊的焊接接头应设计成等截面的对接接头。

②闪光对焊时，对于大截面的焊件，应将其中一个焊件的端部倒角，倒角尺寸如图 6-8 所示。

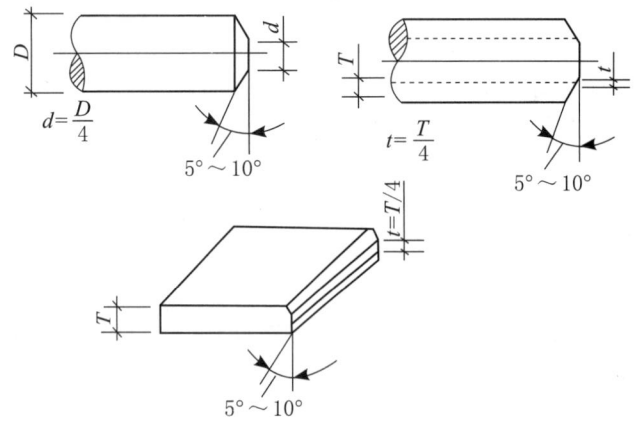

图 6-8　闪光对焊焊件端部倒角尺寸

3）焊后处理

①切除毛刺及多余的金属：通常在焊后趁热切除。焊大截面合金钢焊件时多在热处理后切除。

②零件的校形：对于焊后需要校形的零件（如强轮箍、刀具等），通常在压力机、压胀机及其他专用机械上进行校形。

③焊后热处理：焊后热处理根据材料性能和焊件要求而定。焊接大型零件和刀具，一般焊后要求退火处理，调质钢焊件要求回火处理，镍铬奥氏体钢，有时要进行奥氏体化处理。焊后热处理可以在炉中做整体处理，也可以用高频感应加热进行局部热处理，或焊后在焊机上通电加热进行局部热处理，热处理规范根据接头硬度或显微组织来选择。

第五节 气焊

气焊是利用氧乙炔焰作为焊接热源进行焊接的方法。其优点是设备简单，搬运方便，不需要电源；缺点是随着母材厚度的增加，加热区较大、焊接变形大、接头性能较差。

氧乙炔焊主要用于焊接钢板、有色金属、补焊铸铁件、堆焊硬质合金。

1. 气焊的特点及应用范围

（1）特点

气焊是利用化学能转变成热能进行熔化焊接的一种方法。它利用乙炔、氧气通过焊炬混合形成燃烧的火焰（称氧－乙炔焰），将母材金属加热到熔化状态形成熔池，然后不断地向熔池添加焊丝而熔合成一体，冷却后即形成焊缝。因此，气焊接头的质量与气体纯度、火焰性质、焊丝质量以及焊工技能有关。

（2）应用范围

目前气焊主要用于焊接薄钢板、薄壁小直径管子、有色金属件、铸铁件、钎接件以及堆焊硬质合金材料等。

由于气焊火焰温度低，加热分散，焊接热影响区宽（约为电焊的三倍），过热严重，因此气焊接头性能较差，使用范围受到限制。对于合金成分含量较高的管子，如Ⅱ 11、9铬－1钼、铬12%为基的合金钢管等，使用气焊难以满足焊接接头的质量要求。因此，电站焊接中越来越少采用。

2. 氧乙炔焊设备及工具

氧乙炔焊设备及工具的使用，见表6-5。

氧乙炔焊设备及工具　　　表 6-5

名称	图示及说明
氧气瓶	氧气瓶通常是由低合金钢或优质碳素钢制成的，它是贮存气态氧的一种高压容器。 使用氧气瓶的注意事项为： 1）搬运前要拧紧瓶帽，搬运中避免碰撞和剧烈振动，严禁和油料及可燃物同车运输。  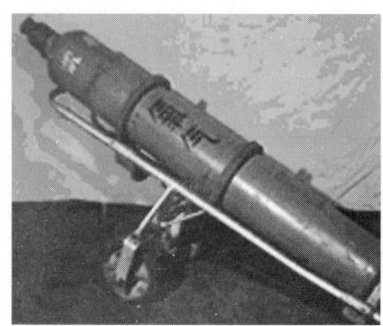 2）使用时应将氧气瓶立放在安全的地方并固定好，顺放时应把瓶颈垫高。  3）在夏季露天操作时，应将氧气瓶放在阴凉处，避免阳光直接暴晒。 4）在冬季使用时，如发现瓶口有冻结现象，要用热水或蒸汽加热解冻，严禁用铁器敲击或用明火加热解冻。 

续表

名称	图示及说明
氧气瓶	5）开启氧气瓶时一个站在气孔侧面，缓慢的旋转手轮。  6）氧气瓶严禁沾染油脂。 7）取下瓶帽时只能用手或扳手卸下，严禁用铁锤等敲击。 8）使用氧气瓶时，不要把瓶内氧气全部用完，至少要有 0.1MPa ～ 0.2MPa 的剩余压力，防止杂质、空气进入瓶内，保证再次充氧不会降低氧气纯度或发生意外。
减压器	减压器俗称氧气表。 减压器常见故障及排除方法为： 1）减压器和氧气瓶连接部漏气时，把螺帽拧紧或调换垫圈。 2）安全阀漏气时，调整弹簧或更换活门垫料。  3）解压器罩壳漏气应拆开更换膜片。 4）调压螺丝已经旋松但低压表有缓慢上升的自流现象，要去除活门附近污物，或者调换解压活门，或者调换副弹簧。    5）工作中，发现气体供不上和压力表指针有较大的摆动时，用热水或加热蒸汽的方法消除。 6）高低压表指针不回零时，需进行修理或调换后再使用。

续表

名称	图示及说明
乙炔发生器	利用电石和水的相互作用产生乙炔气的设备称为乙炔发生器。乙炔发生器的种类一般有固定式和移动式两大类。 
焊炬（焊枪）	焊炬又称焊枪，是气焊的主要工具。它又可用于气体火焰钎焊以及火焰加热。 （1）射吸式焊炬 这种焊炬是靠喷射器（喷嘴和射吸管）的射吸作用来控制氧气与乙炔气的流量，使氧气和乙炔的混合气形成一定的比例，保证火焰的正常燃烧，而乙炔气的流动主要是靠氧气的射吸作用进行的。射吸式焊炬的结构如下图。 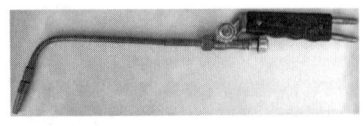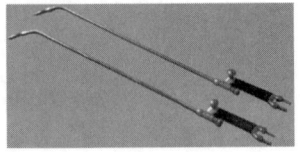 （2）等压式焊炬 这种焊炬使用的氧气与乙炔气两者压力近似相同。乙炔气用自身压力与氧气混合形成火焰。透平焊炬结构比较简单，进入焊炬气体压力稳定不变，混合气成分也将不改变，从而保持了火焰的稳定性。同时它还具有回火可能性较小的特点。等压式焊炬结构如下图。 （3）使用 1）首先根据焊件材质及厚度，选择合适的焊炬和焊嘴并组装好。 2）接上氧气胶管并连接牢固，使用射吸式焊炬时乙炔胶管和乙炔进气管不要连接太紧，以不漏气、容易抽上和拔下为宜。

续表

名称	图示及说明
焊炬（焊枪）	3）射吸式焊炬使用前必须检查射吸情况，检查时先接上氧气胶管不接乙炔胶管，打开氧气调节和乙炔调节阀，当氧气从焊炬流出时，用手指按在乙炔进气管接头处，如手指感到有足够的吸力，说明射吸能力正常；若没有吸力，说明射吸能力不正常，不能使用。 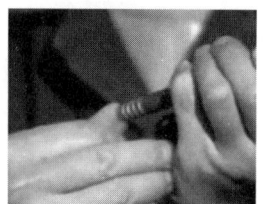 4）射吸能力正常后，再检查其他气体通路是否正常；各接头是否漏气。 5）经检查确认合格后，才能点火。 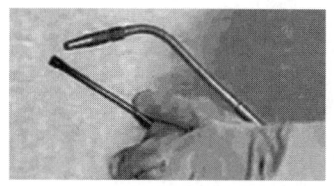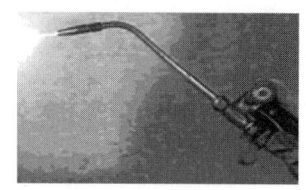 6）如果火焰不正常或有灭火现象，应检查是否有漏气或管路堵塞。 7）灭火多数是由于乙炔压力过小或乙炔通路有水或有空气造成的。 8）使用的焊炬不能与油脂接触；不要带有油的手套点火。 9）焊嘴如被飞溅物堵塞时，应将焊嘴用通针进行疏通。 10）产生回火时，应立即关闭氧气阀，然后关闭乙炔阀；焊炬不得受压和随便乱放，不使用时，应放到适当的地方，或挂起。 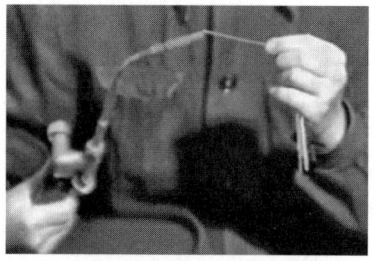

3. 不同位置气焊的操作方法

不同位置气焊的操作方法，见表6-6。

不同位置气焊的操作方法
表 6-6

焊接方法	概念及操作要点	图示
立焊	在焊件的立面或倾斜面上进行纵向的焊接操作,称为立焊。 操作要点如下: 1)焊炬沿焊接方向倾斜一定角度,一般与焊件保持在 75°～80°。焊炬与焊丝的相对位置与平焊时相似。 2)应采用比平焊时较小的火焰进行焊接。 3)严格控制熔池温度,熔池面积不宜太大,熔池的深度也应小些。 4)焊炬一般不作横向摆动,但可做上下移动。 5)如熔池温度过高,熔化金属即将下淌时,应立即移开火焰。	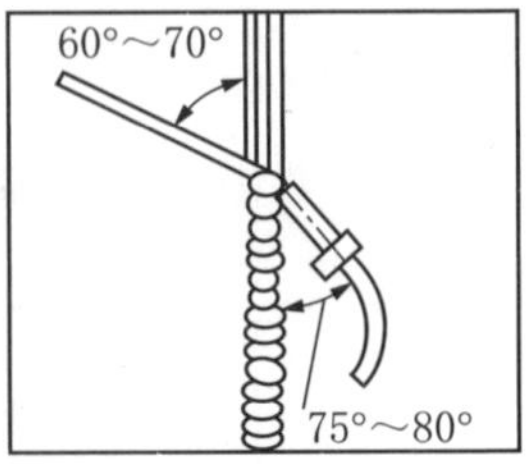 60°～70° 75°～80°
横焊	在焊件的立面或倾斜面做横向焊接,这种操作称为横焊。 操作要点如下: 1)焊炬与焊件之间的角度保持在 75°～80°。 2)采用比平焊时小的火焰施焊,常用左焊法。 3)焊炬一般不做摆动,如焊较厚的焊件时,可做弧形摆动,焊丝始终浸在熔池中,并进行斜环形运走,使熔池略带一些倾斜。	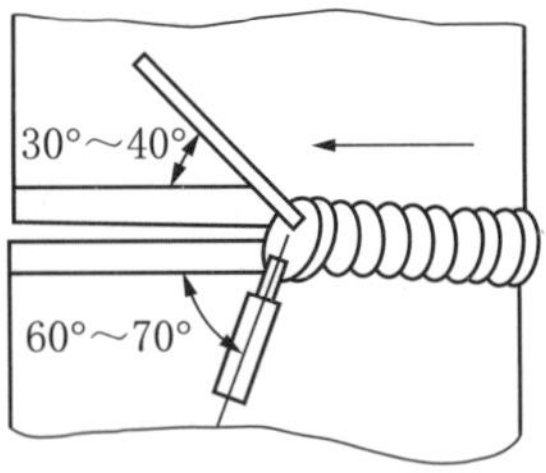 30°～40° 60°～70°
平焊	焊嘴位于焊件之上,操作者俯视焊件进行焊接,这种操作称为平焊。 操作要点如下: 1)应将焊件与焊丝烧熔。 2)焊接某些低合金钢(如 30CrMo)时,火焰应穿透熔池 3)火焰焰芯的末端与焊件表面应保持在 2mm～6mm 的距离内。 4)如熔池温度过高,可采用间断焊以降低熔池温度。	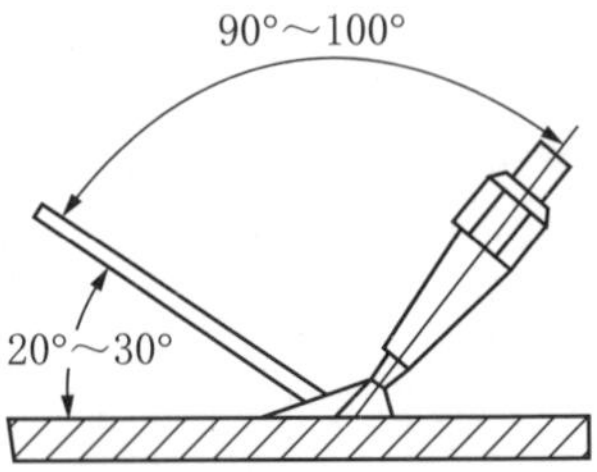 90°～100° 20°～30°
仰焊	焊嘴位于焊件下方,操作者仰视焊件进行焊接,这种操作称为仰焊。 操作要点如下: 1)采用较小的火焰焊接。 2)严格掌握熔池的温度和大小,使液体金属始终处于较稠的状态,防止下淌。 3)采用较细的焊丝,以薄层堆敷上去,有利于控制熔池温度。 4)采用右向焊时,焊缝成形较好。 5)焊炬可做不间断的移动,焊丝可做月牙形运走,并始终浸在熔池内。 6)注意操作姿势,防止飞溅金属和下淌的液体金属烫伤身体。	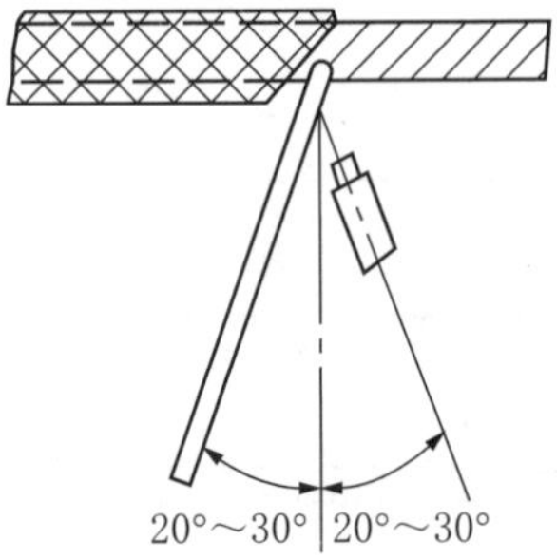 20°～30° 20°～30°

第六节 气割

气割是利用气体火焰的能量将金属分离的一种加工方法，是生产中钢材分离的重要手段。气割技术几乎是和焊接技术同时诞生的一对相互促进、相互发展的"孪生兄弟"，构成了钢铁一裁一缝。

1. 气割原理

气割是利用气体火焰的热能，将工件切割处预热到燃烧温度后，喷出高速切割氧流，使其燃烧并放出热量实现切割的方法。氧气切割过程是预热—燃烧—吹渣过程，其实质是铁在纯氧中的燃烧过程，而不是金属熔化过程。

2. 气割设备与工具

气割设备及工具主要有氧气瓶、乙炔瓶、液化石油气瓶、减压器、割炬（或气割机）等。氧气瓶、乙炔瓶、液化石油气瓶、减压器与气焊用法相同。手工气割时使用的是手工割炬，机械化设备使用的是气割机。

（1）割炬

割炬是进行火焰气割的主要工具。同焊炬一样，割炬按可燃气体与氧气混合的方式不同，也分为射吸式割炬和等压式割炬两种，射吸式割炬应用最为普遍。射吸式割炬是在射吸式焊炬的基础上，增加了由切割氧调节阀、切割氧气管以及割嘴等组成的切割部分，其结构如图6-9所示。乙炔是靠预热火焰的氧气射入射吸管而被吸入射吸管内。这种割炬低、中压乙炔都可用。

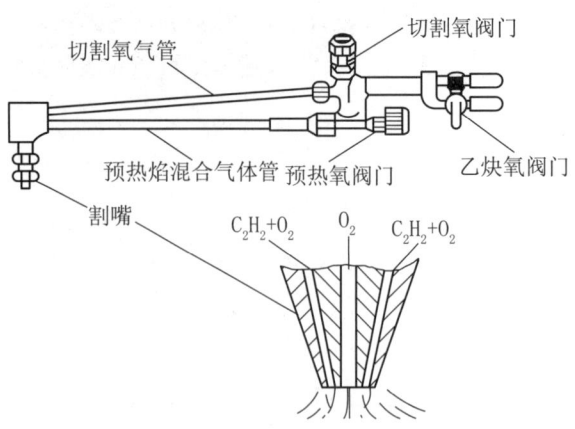

图 6-9 射吸式割炬构造原理

  割嘴的构造与焊嘴不同，如图 6-10 所示。焊嘴上的喷射孔是小圆孔，所以气焊火焰呈圆锥形；而射吸式割炬的割嘴按结构形式不同，混合气体的喷射孔有环形和梅花形两种。

  等压式割炬的可燃气体、预热氧分别由单独的管路进入割嘴内混合。由于可燃气体是靠自己的压力进入割炬，所以它不适用低压乙炔，而须采用中压乙炔。等压式割炬具有气体调节方便、火焰燃烧稳定、回火可能性较射吸式割炬小等优点，其应用量越来越大，国外应用量比国内大。

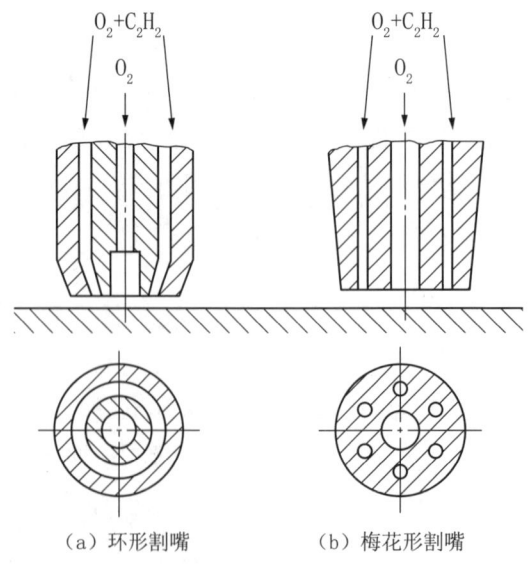

（a）环形割嘴　　　　（b）梅花形割嘴

图 6-10 割嘴的形状

（2）气割机

气割机是代替手工割炬进行气割的机械化设备。它比手工气割的生产率高，割口质量好，劳动强度和成本都较低。近年来，由于计算机技术发展，数控气割机也得到了广泛应用。常用的气割机有半自动气割机、仿形气割机、光电跟踪气割机和数控气割机等。

3. 气割工艺参数

气割工艺参数主要包括气割氧压力、气割速度、预热火焰能率、割嘴与割件的倾斜角度、割嘴离割件表面的距离等。

（1）气割氧压力

选择氧气压力的依据一般是随割件厚度的增大而加大，或随割嘴代号的增大而加大。在割件厚度、割嘴代号、氧气纯度均已确定的条件下，气割氧压力的大小对气割质量有直接的影响。

如氧气压力不够，氧气供应不足，会引起金属燃烧不完全，降低气割速度，不能将熔渣全部从割缝处吹除，使割缝的背面留下很难清除的挂渣，甚至还会出现割不透的现象。

如果氧气压力太高，则过剩的氧气对割件有冷却作用，使割口表面粗糙，割缝加大，气割速度减慢，氧气消耗量也增大。

（2）气割速度

气割速度也主要取决于切割件的厚度。割件越厚，割速越慢。切割厚大断面的工件，还要增加横向摆动；但割速太慢，会使割缝边缘不齐，甚至产生局部熔化现象，割后清渣困难。割件越薄，割速越快。但也不能过快，否则，会产生很大的后拖量或割不透现象。气割速度的正确与否，主要根据割缝的后拖量来判断。

所谓的"后拖量"是指气割面上的气割氧流轨迹的始、终点在水平方向上的距离。

气割时产生后拖量的主要原因如下：

1）切口上层金属在燃烧时产生的气体冲淡了气割氧气流，使下层金属燃烧缓慢。

2）下层金属无预热火焰的直接作用，因而使火焰不能充分地对下层金属加热，使割件下层不能剧烈燃烧。

3）割件下层金属离割嘴距离较远，氧流射线直径增大，吹除氧化物的动能降低。

4）割速太快，来不及将下层金属氧化而造成后拖量。

气割的后拖量是不可避免的，尤其是在气割厚钢板时更为显著。因此，采用的气割速度应该以割缝产生的后拖量较小为原则，以保证气割质量。

（3）预热火焰能率

气割时，预热火焰应架用中性焰或轻微氧化焰。碳化焰不能采用，因为碳化焰中有游离碳存在，会使割缝边缘增碳。在切割过程中，要注意随时调整预热火焰，防止火焰性质发生变化。

预热火焰能率的大小与割件厚度有关。割件越厚，火焰能率应越大。但是在气割厚板时火焰能率的大小要适宜，如果此时火焰能率选择过大，会使割缝上缘产生连续的珠状钢粒，甚至熔化成圆角，同时还造成割缝背面黏附的熔渣增多，从而影响气割质量。火焰能率选择过小，割件得不到足够的热量，会使割速减慢而中断气割工作。

（4）割嘴与割件的倾斜角

倾角的大小要随割件厚度而定。

（5）割嘴离割件表面的距离

选择割嘴离割件的距离时，要根据预热火焰的长度和割件厚度确定。在通常情况下火焰焰心距割件表面为 3mm ～ 5mm。当割件厚度小于 20mm 时，火焰可长些，距离可适当加大；当割件厚度大于或等于 20mm 时，由于气割速度慢，为了防止割缝上缘熔化，火焰可短些，距离应适当减小。这样，可以保持气割氧流的挺直度和氧气的纯度，使气割质量得到提高。

除了气割工艺参数，气割质量的好坏还与割件材质质量及表面状况（氧化皮、涂料等）、割缝的形状（直线、曲线和坡口等）等因素有关。

4. 回火

气焊、气割时发生气体火焰进入喷嘴内逆向燃烧的现象称为回火。发生回火的根本原因是混合气体从焊、割炬的喷射孔内喷出的速度小于混合气体燃烧速度。若发生回火，应先迅速关闭乙炔调节阀门，再关闭氧气调节阀门，切断乙炔和氧气来源。待火熄灭后焊、割嘴不烫手时方可重新进行气焊、气割。

5. 其他切割方法介绍

切割方法还有很多，表 6-7 介绍了其他常用切割方法及应用。

其他常用切割方法及应用　　　　　　　　　　　　　　　表 6-7

切割方法	特点	应用范围
等离子弧切割	利用等离子弧的热量实现切割	可以切割各种高熔点金属及其他切割方法不能切割的金属，如不锈钢、耐热钢、钛、钨、铸铁、铜、铝及其合金等，还能切割各种非导电材料，如耐火砖、混凝土、花岗石、碳化硅等
氢氧源切割	利用水电解产生的氢气和氧气完全燃烧，来用于切割	水电解氢氧焊割机有利于实现一机多用，形式多样。如可一机实现电焊、气焊、切割、喷涂等
激光切割	利用激光束的热能实现切割	对氧乙炔焰难以切割的不锈钢、钛、铝、铜、锆及其合金等材料皆可采用激光切割，甚至对木材、纸、布、塑料、橡胶以及岩石、混凝土等非金属材料也能进行切割
水射流切割	利用高压水射流进行切割	适用于切割各种金属和非金属，尤其是其他加工方法难以加工的硬质合金和陶瓷材料

续表

切割方法	特点	应用范围
汽油切割	利用汽油雾化或汽化后与氧混合燃烧形成的火焰实现切割	实现碳钢和低合金钢的切割，还可以进行有色金属的钎焊
碳弧气刨	使用石墨棒与工件间产生电弧将金属熔化，并用压缩空气将其吹掉，实现切割	用于清理焊根，清除焊缝缺陷，开焊接坡口（特别是 U 形坡口），清理铸件的毛边、浇冒口及缺陷，还可用于无法用氧乙炔切割的各种金属材料切割
电弧气刨	利用药皮在电弧高温下产生的喷射气流，吹除熔化金属达到刨割的目的	常用于焊缝返修及局部切割，尤其在野外作业及工位狭窄处
氧熔剂切割	在切割氧流中，加入纯铁粉或其他熔剂，利用它们的燃烧热和造渣作用实现切割	不锈钢、铸铁、铜、铝及其合金等的切割

第七节 钎焊

1. 钎焊使用范围

钎焊适用范围极广，可以钎焊的材料有同种金属、异种金属、金属与非金属、非金属与非金属。

在国防和尖端技术部门中，如喷气发动机、火箭发动机、原子能设备制造中都大量采用钎焊技术。

2. 钎焊工作原理

钎焊接头的形成包括两个过程：一是钎料填满全部接头间隙，简称填隙过程；二是钎料与母材之间的相互作用，即结合过程。前者为钎焊创造条件，后者是能否获得牢固钎缝的关键。

3. 钎焊操作技术

（1）焊前准备

1）焊件表面去油。焊件表面黏附的矿物油可用有机溶剂清除，动植物油可用碱溶液清除。

2）氧化膜的化学清理。

3）焊件装配。钎焊前需要将零件装配与定位，以确保零件之间的相互位置，对于结构复杂的零件，一般采用专用夹具来定位。钎焊夹具的材料应具有良好的耐高温及抗氧化性，应与钎焊焊件材质具有相近的热膨胀系数。

（2）钎焊方法

1）火焰钎焊。火焰钎焊是使用可燃气体与氧气（或压缩空气）混合燃烧的火焰进行加热的钎焊。

火焰钎焊的设备简单、操作方便、燃气来源广、焊件结构及尺寸不受限制，但是这种方法的生产率低、操作技术要求高。主要适于碳素钢、硬质合金、铸铁，以及铜、铝及其合金等材料的钎焊。

2）浸渍钎焊。浸渍钎焊是将工件局部或整体浸入熔态的高温介质中加热，进行钎焊，浸渍钎焊包括盐浴钎焊、金属浴钎焊和峰波钎焊三种形式。

浸渍钎焊的加热迅速、生产率高、液态介质保护零件不受氧化，有时还能同时完成液淬火等热处理工艺。主要适用于大量生产。

3）炉中钎焊。炉中钎焊是将装配好钎料的焊件放在炉中加热并进行钎焊的方法。炉中钎焊包括空气炉中钎焊、保护气氛炉中钎焊和真空炉中钎焊三种形式。

炉中钎焊的焊件整体加热、焊件变形小、加热速度慢，但是一炉可同时钎焊多个焊件，主要适用于批量生产。

（3）钎焊后的清洗

大多数钎剂残渣对钎焊接头都具有腐蚀作用，钎焊后应进行清除。

1）软钎剂松香无腐蚀作用，不必清除。

2）含松香的活性钎剂残渣不溶于水，可用异丙醇、酒精、汽油等有机溶剂清除。

3）由有机酸及盐组成的钎剂，一般都溶于水，可以用热水清洗，如果是由甘油调制的膏状钎剂，则可用有机溶剂清除。

4）含无机酸的软钎剂可以用热水清洗。

5）含碱金属及碱金属氯化物的钎剂，可用体积分数为 2% 的盐酸溶液清洗，然后用含少量 NaOH 的热水洗涤，以中和盐酸。

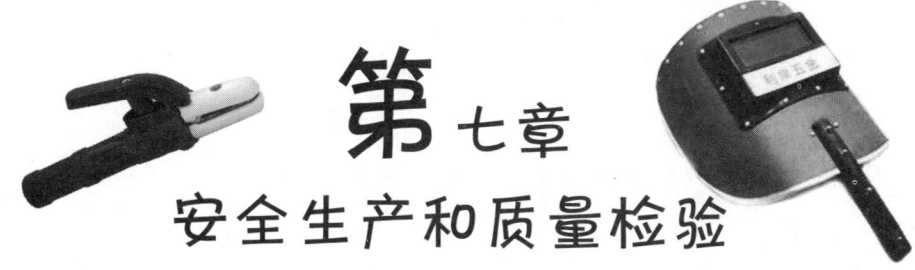

第七章
安全生产和质量检验

第一节 安全生产

1. 防火防爆的基本原则

（1）火灾过程的特点及预防原则

1）火灾过程特点

①酝酿期。可燃物在热的作用下蒸发析出气体、冒烟、阴燃。

②发展期。火苗蹿起，火势迅速扩大。

③全盛期。火焰包围整个可燃材料，可燃物全面着火，燃烧面积达到最大限度，放出强大的热辐射，温度升高，气体对流加剧。

④衰灭期。可燃物质减少，火势逐渐衰落，终至熄灭。

2）防火原则的基本要求

①严格控制火源。

②监视酝酿期特征。

③采用耐火建筑材料。

④阻止火焰的蔓延，采取隔离措施。

⑤限制火灾可能发展的规模。

⑥组织训练消防队伍。

⑦配备相应的消防器材。

（2）爆炸过程特点及预防原则

1）爆炸过程特点

①可燃物与氧化剂的相互扩散，均匀混合而形成爆炸性混合物，遇到火源时爆炸开始。

②由于爆炸连续反应过程的发展，爆炸范围扩大，爆炸威力升级。

③完成化学反应，爆炸造成灾害性破坏。

2）防爆原则的基本要求

根据爆炸过程特点，防爆应以阻止第一过程出现、限制第二过程发展、防止第三过程危害为基本原则。

①防止爆炸混合物的形成。

②严格控制着火源。

③燃爆开始时及时泄出压力。

④切断爆炸传播途径。

⑤减弱爆炸压力和冲击波对人员、设备和建筑物的损坏。

2. 防止触电事故的基本措施

为了预防焊接触电和电气火灾爆炸事故的发生，首先应了解该工作环境场所的触电与火灾爆炸危险性属于哪一类型，存在哪些可能发生触电或火灾爆炸的不安全因素，从而预先采取有效措施预防触电、火灾和爆炸。

（1）工作环境按触电危险性分类

电焊需在不同的工作环境中进行，按触电的危险性，考虑到工作环境，如潮气、粉尘、腐蚀性气体或蒸气、高温等条件的不同，可分为以下三类。

1）普通环境。触电危险性较小，应具备的条件为：

①干燥（相对湿度不超过 75%）。

②无导电粉尘。

③由木材、沥青或瓷砖等非导电材料铺设地面。

④金属物品所占面积与建筑物面积之比（金属占有系数）小于20%。

2）危险环境。具体条件为：

①潮湿。

②有导电粉尘。

③由泥、砖、湿木板、钢筋混凝土、金属等材料或其他导电材料制成地面。

④金属占有系数大于20%。

⑤炎热、高温（平均温度经常超过30℃）。

⑥人体能同时接触接地导体和电气设备的金属外壳。

3）特别危险环境。凡具有下列条件之一者，均属特别危险环境：

①作业场所特别潮湿（相对湿度接近100%）。

②作业场所有腐蚀性气体、蒸气、煤气或游离物存在。

③同时具有上列危险环境的两个条件。

（2）爆炸和火灾危险场所等级

根据发生事故的可能性和后果（即危险程度），在电力装置设计规范中将爆炸和火灾危险场所划分为三类八级：

1）第一类是气体或蒸气爆炸混合物的场所，分为三级，即 Q-1 级、Q-2 级、Q-3 级场所。

2）第二类是粉尘或纤维爆炸性混合物场所，分为二级，即 G-1 级、G-2 级场所。

3）第三类是火灾危险场所，分为三级，即 H-1 级、H-2 级、H-3 级场所。

（3）预防触电事故的基本措施

1）为了防止在电焊操作中人体触及带电体的触电事故，可采取绝缘、屏护、间隔、空载自动断电和个人防护等安全措施。

绝缘不仅是保证电焊设备和线路正常工作的必要条件，也是防止触电事故的重要措施。橡胶、胶木、瓷、塑料、布等都是电焊设备和工具常用的绝缘材料。

屏护是采用遮拦、护罩、护盖、箱匣等，把带电体同外界绝隔开来，对于电焊设备、工具盒配电线路的带电部分，如果不便包以绝缘或绝缘不足以保证安全时，可以采用屏护措施。屏护用材料应当有足够的强度和良好的耐火性能。

间隔是防止人体触及焊机、电线等带电体，避免车辆及其他器具碰撞带电体，为防止火灾而在带电体与设备之间保持一定的安全距离。

焊机的空载自动断电保护装置和加强个人防护等，也都是防止人体触及带电体的重要安全措施。

2）为防止在电焊操作时人体触及意外带电体而发生触电事故，一般可采用保护接地或保护接零等安全措施。

第二节 非破坏性检验

非破坏性检验，是指不破坏焊件本身，通过检查、检验能够评价焊缝质量的一系列检验方法。

1. 外观检验

焊缝外部检查是指检查时用肉眼或低倍放大镜检查焊缝的外观及表面缺欠（如咬边、裂纹、气孔、弧坑等）；用焊缝量规检查焊件装配质量和焊缝外观尺寸（图7-1）。

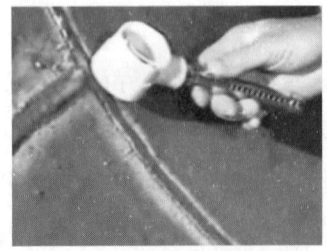 

（a）使用放大镜　　　　　　　　　（b）使用焊缝量规

图7-1　焊缝的外观检查

外部检验一般包括自检和技术人员检验，焊工焊接一定数量的焊缝后，需进行清理自检，对发现的并能够解决的问题进行处理，焊接检验人员再按照检验标准进行检验，在保证焊缝外形尺寸符合要求、无超标的表面缺欠后，方可进行其他方面检验。

2. 致密性试验

致密性试验是检查焊缝有无穿透性缺欠的检验方法，一般用在各种储存、输送液体或气体的容器及管道上，常用的方法有渗油试验、真空试验、气密性试验和水压试验。

（1）渗油试验

渗油试验是利用煤油的渗透特性，检查焊缝致密性的试验方法。主要用于非受压容器及大型管道上。

检查时先在焊缝的一面涂上石灰浆水，在焊缝的另一面涂上煤油。经过一定的时间，若发现涂有石灰浆水一面的焊缝有煤油渗透痕迹，则该处有穿透性的焊接缺欠。根据油斑的大小、特征及分布情况，大致确定缺欠的性质和尺寸。若焊缝没有煤油痕迹，则焊缝密封性合格。

（2）真空试验

利用真空泵对焊缝做分段检查，用于容器的底部拼焊面焊缝的无损检验。

检查时，预先用透明材料做一个能抽真空的箱子，保证箱口能和被检区域紧密接触，通过胶管连接到真空泵上，并将其置于待检查的焊接接头上，在被检查的焊缝上涂上肥皂水，再利用真空泵抽真空。如发现焊缝上有肥皂泡，说明发泡处有穿透性的焊接缺欠。如无异样，说明检查的焊缝无穿透性的焊接缺欠。

（3）气密性试验

气密性试验用于压力较低的容器及管道焊缝的检查。

试验时，将压缩空气或氮气通入容器或管道中，在焊缝表面涂上肥皂水，如发现焊缝上有肥皂泡，说明发泡处有穿透性的焊接缺欠。如无异样，说明焊缝致密性良好。

（4）水压试验

水压试验用于承压容器和管道系统，不仅检验设备和系统的严密性，同时也检验焊缝的强度。

水压试验的压力一般为部件工作压力的 1.25～1.5 倍。用水泵逐步提高压力达到试验压力后，恒压 5h，随后降低到部件的工作压力，对焊缝进行全面检查，检查时如发现焊缝表面有水滴或渗水痕迹，表明该处焊缝有穿透性缺欠。

3. 无损检验

无损检验是检查焊缝内部质量的常用方法，包括射线探伤、超声波探伤、磁粉探伤、渗透探伤、涡流探伤等。

（1）射线探伤

射线探伤是利用射线可穿透物质、且在物质中有衰减和使胶片感光等特性发现缺欠的常用探伤方法。由于发现的缺欠在底片上能清楚地反映出来，因此，比较直观。

射线有 X 射线、γ 射线、α 射线、β 射线等。常用于探伤的为 X 射线和 γ 射线。

X 射线、γ 射线与可见光、无线电波都是电磁波，差别是波长不同。

产生 X 射线的主要设备是 X 光管，X 光管由阴极、阳极和真空玻璃泡组成。阴极加热后发射电子，在电压作用下使电子加速，撞击阳极靶产生 X 射线。

γ 射线的性质与 X 射线相同，波长比 X 射线更短。射线能量高，具有更强的穿透能力。γ 射线是在放射性同位素的原子核衰变过程中自发产生的。

经射线曝光的胶片在暗室处理后，成为照相底片，从底片上可以正确地反映出焊接接头内的各种缺欠，如裂纹、未焊透、未熔合、气孔、夹渣等。

射线探伤在底片上反映的焊接缺欠一般包括：

1）裂纹。底片上呈现略带曲折或直线状黑色细条纹。轮廓较分明，中间较宽，两端较尖细，有时伴有分枝，两端黑色较浅，最后消失。

裂纹缺欠是窄而细的焊接缺欠，当射线照射方向与裂纹面垂直或有一定角度时，很难在底片上反映出来。因此，射线探伤在发现裂纹上受多种因素影响。

2）未焊透。底片上呈现断续或连续的黑直线，黑度较均匀，两端清楚，影像宽度约与对口间隙相当。

3）未熔合。底片上多呈现直线状，且贴近熔合线黑度较深。

4）气孔。底片上呈现圆球形或椭圆形黑点，中心黑度较深，并均匀地向边缘减浅。

5）夹渣。底片上多呈现不同形状的点状或条状，点状夹渣黑度较均匀，边界不规则并带有棱角；条状夹渣黑度不均匀，一般为粗线条状，宽度也不一致。

（2）超声波探伤

利用 0.5MHz ～ 10MHz 的超声波，传播到两种声阻抗不同的界面上，以所产生的折射、反射物理性质来发现焊缝内部缺欠。超声波是一种机械波（图7-2）。

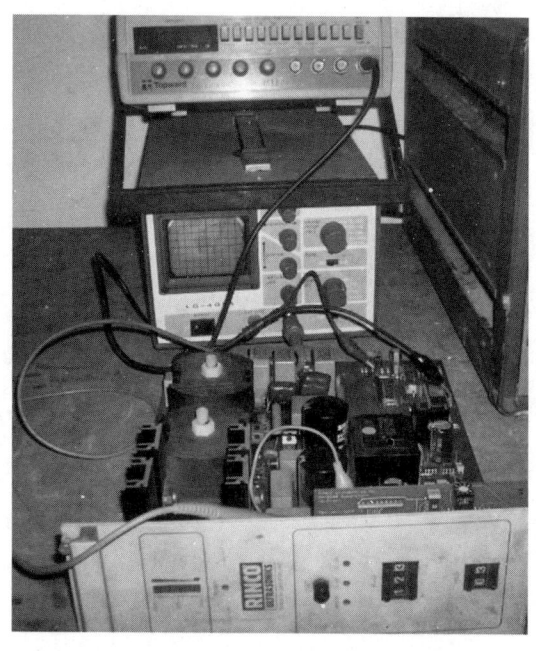

图 7-2 超声波检查机械

可以检验出厚度 2mm 以上的焊件内部直径大于 1mm 的气孔、夹渣、裂纹等。但对表面及近表面的缺陷不宜查出。

超声波先由超声波探伤仪产生电脉冲（电信号），作用到探头的压电晶片上，产生磁致伸缩，将电讯号转变为机械波（即超声波）传入工件。超声波遇到缺欠所产生的反射声波，被探头接收，转换为电脉冲讯号，经过放大，由荧光屏显示出脉冲波形，这种超声波探伤仪称为 A 型脉冲探伤仪。

与射线探伤相比，超声波探伤检出的速度快，对裂纹等平面型缺欠灵敏度高，适于大厚度焊件的焊缝检验。目前，所用超声波探伤仪绝大部分是 A 型脉冲探伤仪，判断缺欠的主要依据是荧光屏上的反射脉冲，直观性差，缺欠的定位及定性干扰因素较多，故需要具有丰富实践经验的人员进行此项工作。

超声波探伤和射线探伤各有特点，目前在实际使用中，对大径厚壁容器和管道焊缝的质量检验，多采用超声波探伤方法；对小径薄壁管子焊缝的质量检验，多采用射线探伤方法。

（3）磁粉探伤

利用磁场对铁磁金属进行磁化，由于缺欠会产生漏磁，从而发现存在的缺欠。从磁化铁磁金属的物理现象中可以知道，将一个铁磁金属制成的零部件放入磁场中，就有磁力线通过，从而被磁化。断面相同、内部组织均匀的零部件，磁力线在其内部是平行的、均匀分布的，如内部存在裂纹、气孔、夹杂等缺欠时，由于这些缺欠是非磁性的，磁阻很大，磁力线不能通过，故磁力线发生弯曲。当缺欠位于或接近零部件表面时，磁力线不仅在零部件内部产生弯曲，而且还穿过零部件表面形成一个南北两极的局部磁场，这种现象叫漏磁。因此，磁力探伤只能发现零部件表面或接近零部件表面的缺欠。此时在表面喷洒磁悬液或磁粉，漏磁会吸附磁粉，从而显示缺欠的形状和分布。

为了发现存在的缺欠，使漏磁产生磁力弯曲的形状，对采用的磁粉要求是：颗粒要小，增加其移动性；颜色与工件颜色差别越大越好，一般使用棕黑色或红色的四氧化三铁。

磁力探伤分干粉检验法和湿粉检验法两种，对非磁性材料不适用。

（4）渗透探伤

渗透探伤是利用某些液体的渗透物理特性（毛细现象），发现和显示铁磁性和非铁磁性材料表面缺欠的一种方法，通常分为着色探伤和荧光探伤两种，但对多孔性材料（如铸件等）不适用。

1）着色探伤。利用某些渗透性很强的有色油液涂在被检查的工件表面，使其渗入工件表面的缺欠中，停留几分钟，除去工件表面多余的油液，工件中留有一些有色油液，然后再涂上吸附油液的显像剂，由于毛细管的作用，在显像剂层上显示出彩色的缺欠图像。

所需的材料是：渗透剂、冲洗剂、显像剂。着色探伤受工件表面的粗糙度影响较大，表面粗糙度越高，越容易发现缺欠，反之就差。

2）荧光探伤。荧光探伤是一种利用紫外线照射某些荧光物质会产生荧光的特性来检查工件表面缺欠的方法。原理和过程与着色探伤方法相似，常用于非磁性材料工件的检查。所需的材料是荧光渗透剂、清除剂、显像剂。

（5）涡流探伤

涡流探伤是以电磁感应原理为基础，金属材料在交变磁场作用下产生涡流，根据涡流的大小和分布可检验出铁磁性和非铁磁性材料的缺欠。

（6）水压检验

水压检验，用作检验压力容器、锅炉、压力管道等结构焊接接头致密性和强度，同时还能够起到降低焊接应力的作用（图7-3）。

图7-3　水压检验机器

第三节 破坏性检验

1. 折断面检查

折断面检查是一种常用的简易、迅速、准确的检验焊接缺欠的方法，常用于焊工考试试件的检验和焊接施工前练习试件的检验。首先用机加工手段在试件外表面开一尖槽（约为试件厚度的1/3），用顶断方法加以外力，使其折断。用肉眼或借助放大镜可直观地发现焊缝中存在的各种缺欠，对照标准判断焊缝质量。

2. 力学性能试验

力学性能试验是通过力学手段检验焊接接头内在质量的试验方法。通过试验结果可以找出材料质量和焊接工艺等问题。试验内容包括常温拉伸、弯曲、冲击、硬度、高温持久强度和蠕变性能试验等。

（1）拉伸试验

把加工好的焊接试样夹持在拉力试验机上进行，可以测定焊接接头（包括焊缝金属、熔合区和热影响区）的屈服强度、拉伸强度、伸长率和断面收缩率。试样的截取方位、方法、数量以及试样制备的形状、尺寸、偏差和试验结果的评定等，均应按相关国家标准规定进行。

（2）弯曲试验

把加工好的焊接试样摆放在材料试验机的压座上，用冲压头向试样施以压力进行试验。弯曲试验的主要目的是测定焊接接头的塑性。弯曲试验分为面弯、背弯和侧弯三种，可根据产品技术条件选择。面弯试验的受拉面为焊缝表面及近表面，易于发现焊缝表面及近表面缺欠；背弯试验的受拉面为焊缝根部，易于发现焊缝根部缺欠；侧弯能检验焊层与母材之间的结合强度。通常根据不同的材料规定试样的弯曲角度，当试样压至规定的角度时，试样拉伸面完好或出现的缺欠在允许的范围内，则弯曲试验合格，否则为不合格。

（3）冲击试验

冲击试验用于测定焊接接头承受冲击载荷时的抗断裂能力。其方法是将带有缺口的标准试样，放在冲击试验机上，在相反的一侧加冲击性载荷，迫使试件破坏，以获得焊接接头的冲击功，考查其对动载荷的抵抗能力。冲击试样可根据产品的不同需要，在焊接接头的不同部位和不同方向取样，其具体规定应依据相关国家标准规定进行。

（4）硬度试验

硬度试验是用来测定焊接接头各部位的硬度分布情况，通过硬度试验可以检测焊接接头在焊接热循环的作用下的淬硬倾向，以及焊后热处理工艺是否适当。焊接接头的最高硬度与焊接材料及工艺有一定关系，应该符合硬度试验标准规定的数据。

硬度试验是通过硬度仪完成的。基本原理是以极硬的球体或锥体，压入被测试样某一部位的表面，测定压痕表面积或深度来计算硬度值。

（5）高温持久强度和蠕变性能试验

高温持久强度和蠕变性能试验的目的，是测定焊接接头在高温条件下工作的力学性能。

3. 金相分析

金相分析的目的是检验焊缝金属、热影响区金属及母材金属的组织特征和内部缺欠。通过焊接接头的金相分析，可以了解焊缝金属中各种显微氧化物的形态、晶粒度及组织状况，为正确选择焊接工艺、热处理工艺和焊接材料提供依据，便于分析缺欠的性质和产生原因。

金相试样必须包括焊缝金属、热影响区金属及母材金属，试样的制作要经过粗磨、细磨、抛光和浸蚀。金相试样尽量用机械方法切取，若用火焰切取，必须留出至少 10mm 的加工余量。

金相分析分为宏观分析和微观分析两种。

（1）宏观分析

试样经过研磨和化学试剂浸蚀后，用肉眼或低于 30 倍的放大镜观察，可以清晰看到焊接接头的焊缝区、热影响区及母材金属的界限和端面上存在的各种缺欠。

（2）微观分析

试样经过研磨达到一定的精度和化学试剂浸蚀后，在 100 倍以上的金相显微镜下，观察金属显微组织，即焊接接头各部分的组织特征、晶粒大小、微观缺欠等。

根据分析结果，确定选择的焊接材料、焊接工艺、焊接方法以及焊后热处理规范是否合理。

第四节 焊接缺陷的返修

1. 返修前准备

1）应仔细查明待返修部件的钢材牌号，收集并分析该钢材和焊接性资料。

2）根据修复的部件选择合适的焊接材料。对可预热和热处理的焊接修复，一般选用与母材相同或相近的焊接材料；对于难进行预热和热处理的焊接修复，一般推荐采用塑性较高的焊接材料，但是应确认采用该材料的焊接所形成的焊接接头在实际运行下的组织、性能变化符合使用要求。

3）对需要焊接返修的缺陷应当分析其产生的原因，提出改进措施，按标准进行焊接工艺评定，编制焊接返修工艺。

4）焊接操作人员应该进行培训和焊接前练习。

5）对于需要进行变形控制的部件应装设测量器具并完成初始值测量。在修复中应跟踪并记录过程和终了变形量。

---

2. 返修操作方法

1）宜采用机械方法清除缺陷。对大厚度部件的裂纹缺陷，在清除缺陷前，应采取措施防止裂纹的继续扩展。在预热的情况下，可以采用碳弧气刨清除缺陷。返修前必须将缺陷彻底清除，必要时可采用表面探伤检验确认。

2）应采用机械方法进行坡口制备。待补焊部位应开宽度均匀、表面平整、便于施焊的凹槽，且两端有一定坡度。并已确认无表面裂纹、无淬硬或渗碳层。

3）缺陷补焊时，宜采用小焊接电流，一般应采用多层多道焊接方法，必要时可采用分段退焊等减小变形的焊接方法。禁用过大的焊接电流。

4）对刚度大的结构进行焊补时，中间层可用锤击法消除应力，多道焊时，每道焊缝的起头和收弧应尽量错开。

5）对要求预热的焊件，应采取预热措施。预热温度应较原焊缝适当提高。

6）要求热处理的焊件如在热处理后返修补焊时，必须重做热处理。

7）焊接缺陷的清除和焊补，不允许在带压和带水情况下进行。

8）返修焊接接头性能和质量要求应与原焊接接头相同。技术参数应该符合相应的焊接技术规程要求。

9）有抗晶间腐蚀要求的奥氏体不锈钢产品，返修后应保证其原有的设计要求。

10）返修后的焊缝，应该用原焊缝的检验要求进行重新检查，若再次发现存在超过允许限值的缺陷，应重新修正，直至合格。焊补次数不能超过规定的返修次数。

3. 焊接缺陷返修事例

（1）裂纹的焊补

某船体结构由于错误的焊接施工，在焊接接头区域产生裂纹，裂纹是不允许存在的，必须清除后焊补修复。其工艺如下：

1）仔细检查裂纹的起始点和终止点，必要时还应该检查与出现裂纹部位处于相同的焊接条件的同类构件是否有裂纹。

2）消除裂纹。如果采用风铲来消除裂纹，应先在裂纹的两端钻止裂孔，以防止裂纹扩展。钻止裂孔时，采用 $\phi 8mm \sim 12mm$ 的钻头，钻孔的深度应比裂纹深度深 $3mm \sim 5mm$。如果是穿透性裂纹，应该沿板厚钻穿。如果采用碳弧气刨消除裂纹，应先从裂纹两端向裂纹中间方向刨削，直至裂纹彻底消除为止。

3）加工焊接坡口采用风铲或碳弧气刨，未穿透裂纹的焊补坡口如图 7-4 所示，坡口底部要圆滑过渡。如果是穿透性裂纹，则开对称双面坡口。

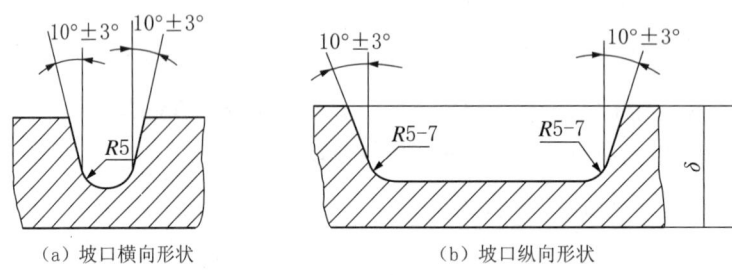

（a）坡口横向形状　　　　　　　（b）坡口纵向形状

图 7-4　裂纹缺陷修复坡口示意图

4）为提高抗裂性，可采用碱性焊条补焊，焊接前进行焊条烘干。焊接时应从坡口两端向中部施焊。如果焊补处钢板较厚或刚度大，可采用每焊一道焊缝立即进行锤击焊缝的方法消除应力，防止裂纹再次产生。

5）如焊缝外形尺寸或形状不符合要求，可用砂轮进行打磨修正。

（2）气孔的焊补

对于不允许存在的气孔，如表面和近表面气孔，需要进行挖补修复，其工艺与裂纹补焊基本相同。

1）认真分析气孔缺陷的产生原因，如材料、工艺选择是否合适，工作环境是否存在可能导致缺陷的不利因素，制定防止措施。

2）采用风铲或碳弧气刨将缺陷彻底清除，并加工成底部圆滑过渡的坡口，并留有一定角度，便于气体逸出，如图7-5所示。

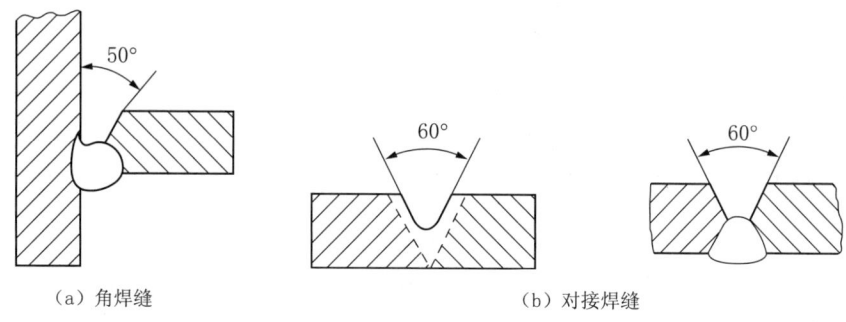

（a）角焊缝 　　　　　　　　　　　　　　　（b）对接焊缝

图7-5 气孔缺陷修复坡口示意图

3）保证接头区域的焊件表面清理干净，无油、水、垢等导致产生气孔的杂质。焊条进行严格烘干。

4）采用短弧焊接，以保护好焊接熔池，控制好熔池温度，为气体从熔池中逸出创造有利条件。

参考文献

[1] 中华人民共和国国家标准. 钢结构焊接规范 GB 50661—2011[S]. 北京：中国计划出版社，2012.

[2] 中华人民共和国国家标准. 钢结构工程施工质量验收规范 GB 50205—2001[S]. 北京：中国计划出版社，2002.

[3] 中华人民共和国国家标准. 电阻焊机的安全要求 GB 15578—2008[S]. 北京：中国标准出版社，2009.

[4] 中华人民共和国国家标准. 电阻焊焊接工艺规程 GB/T 19867.5—2008[S]. 北京：中国标准出版社，2008.

[5] 中华人民共和国国家标准. 焊缝符号表示法 GB/T 324—2008[S]. 北京：中国标准出版社，2008.

[6] 中华人民共和国国家标准. 焊接及相关工艺方法代号 GB/T 10044—2006[S]. 北京：中国标准出版社，2006.

[7] 中华人民共和国国家标准. 电弧焊焊接工艺规程 GB/T 19867.1—2008[S]. 北京：中国标准出版社，2008.

[8] 张士相. 焊工（基础知识）[M]. 北京：中国劳动社会保障出版社，2002.

[9] 徐卫东. 焊接检验与质量管理 [M]. 北京：机械工业出版社，2008.

[10] 刘松淼，郭颖. 焊接操作技能实用教程 [M]. 北京：化学工业出版社，2010.

[11] 史耀武. 焊接技术手册 [M]. 福州：福建科技出版社，2005.

[12] 陈丽丽，杜贤宏. 焊工技能图解 [M]. 北京：机械工业出版社，2010.